对等网络的服务发现
方法及应用

高晓燕/著

北京工业大学 出版社

图书在版编目(CIP)数据

对等网络的服务发现方法及应用 / 高晓燕著 .

北京：北京工业大学出版社, 2025. 5. -- ISBN 978-7-5639-8813-6

Ⅰ. TP368. 5

中国国家版本馆 CIP 数据核字第 2025XG5523 号

对等网络的服务发现方法及应用
DUIDENG WANGLUO DE FUWU FAXIAN FANGFA JI YINGYONG

著　　者： 高晓燕

责任编辑： 付　存　王　月

封面设计： 红杉林文化

出版发行： 北京工业大学出版社　　http://press. bjut. edu. cn

　　　　　　（北京市朝阳区平乐园 100 号　邮编：100124）

　　　　　　010-67391722　　bgdcbs@ bjut. edu. cn

经销单位： 全国各地新华书店

承印单位： 北京虎彩文化传播有限公司

开　　本： 710 毫米×1000 毫米　1/16

印　　张： 9. 5

字　　数： 202 千字

版　　次： 2025 年 5 月第 1 版

印　　次： 2025 年 5 月第 1 次印刷

标准书号： ISBN 978-7-5639-8813-6

定　　价： 58. 00 元

前　言

　　对等网络(peer-to-peer network,P2P)是当今网络技术的一个重要发展方向和研究热点,研究主要针对对等网络自身的特点,如系统的开放性、计算机之间的直接互连、资源和服务的共享等。目前人们主要关注和研究的对等系统的关键技术包括体系结构、动态成员管理机制、内容复制技术、内容查询定位算法、协同工作、分布式计算、安全技术等。由于对等网络节点的动态性和异构性,针对互联网的服务质量保证技术和方法不能直接应用于对等网络环境中,所以有必要将服务质量保证引入对等网络的服务中,研究如何提供有质量保证的对等网络服务。对等网络作为计算机网络的重要组成部分,同样必须具备建立和支持服务质量的机制和策略。服务、资源共享是基于协同计算思想的对等网络的主要目的。对等网络以具有自治性的节点为中心,进行服务与资源共享、协同计算,这是构造基于服务质量保证的对等网络的基础。本书将服务质量引入这样一个实时动态的对等网络,并通过在对等网络中引入服务质量以优化对等网络服务,屏蔽服务的无效操作,从而达到全网优化的目的。

　　在本书中,作者围绕对等网络的服务提出了基于服务质量的对等网络结构;然后在这个体系结构下进行一系列关键技术研究,主要内容包括基于服务质量的对等网络模型、对等网络服务的路由模型、基于服务质量的对等网络服务发现、基于服务质量的对等网络服务组合、基于信任的对等网络服务以及对等网络在社交平台与区块链中的应用。

　　本书具有以下鲜明特色。

　　(1)完整性

　　本书内容丰富全面,结构合理,体系完整,提出了基于服务质量的对等网络结构。

　　(2)时效性

　　本书的第 8 章介绍了对等网络在区块链中的应用,这是近几年兴起的一个研究领域。

　　(3)学术性

　　本书具有一定的理论高度和学术价值,书中绝大部分内容取材于作者近期在国际、国内学术期刊上发表的论文,全面展示了对等网络的服务质量方面的科研成果,具有学术参考价值。

本书非常适合我国计算机网络和通信领域的教学、科研和工程技术人员参考。既可以作为计算机、通信、电子、信息等相关专业的科研人员、研究生和大学高年级学生的教材或教学参考书,也可以供计算机网络研究开发人员、网络运营商等网络工程技术人员参考。

作者在对等网络领域已有多年的研究经历,具有扎实的理论基础和实践经验。本书的内容主要来源于作者科研团队承担的项目:河北省重点研发计划项目"基于大数据的移动对等网络的研究"(批准号:18210339)、移动对等网络在ETHERCAT通信接口的应用(批准号:064D05)、河北省重点研发计划(批准号:19270318D)、河北省物联网监控技术创新中心项目(批准号:21567693H)、中央高校基本科研业务费项目(批准号:3142021009)、青海省重点实验室项目(2017-ZJ-Y21)等的研究工作和相关成果,作者对以上项目的支持深表感谢。本书得到北京艾博志成机电技术有限责任公司的大力支持,在这里特别感谢该公司。

本书的研究工作是在作者的导师余镇危教授的悉心指导下完成的,作者现在所取得的成绩也离不开他的教导和帮助,在此表示衷心的感谢!

由于作者水平有限,加上对等网络的服务研究仍处于不断发展和变化之中,书中不足之处在所难免,恳请诸位专家、读者指正。

目　录

第1章　计算机网络的模型

计算机网络的各层及其协议的集合就是计算机网络的体系结构。常见的计算机网络模型有理论模型——开放系统互连(open system interconnection,OSI)模型,工程模型——传输控制协议/互联网协议(transmission control protocol/internet protocol,TCP/IP)模型。本章主要介绍计算机网络的OSI模型、计算机网络的TCP/IP模型,以及OSI模型和TCP/IP模型的比较。然后定义了对等网络,给出了对等网络的分类,提出了对等网络的关键技术的研究内容。

1.1　计算机网络的模型

计算机网络结构可以从网络体系结构、网络组织和网络配置三个方面来描述。网络体系结构是从功能上来描述的,指计算机网络层次结构模型和各层协议的集合;网络组织是从网络的物理结构和网络的实现两个方面来描述的;网络配置是从网络应用方面来描述计算机网络的布局、硬件、软件和通信线路的。

计算机网络体系结构描述了计算机网络功能实体的划分原则及其相互之间协同工作的方法和规则。这些原则用以确保网络中实际使用的协议和算法的一致性和连贯性,同时在此基础上实现标准化以方便开发和使用。计算机网络体系结构是网络基础理论研究的核心问题,也是网络行为学所研究的最基础的课题,其对网络协议的制定和相关算法的实现起着指导性作用。

计算机网络体系结构的确定对网络的性能与发展至关重要。它能够指导网络的发展方向,为网络技术的研究与开发确立明确的目标;协调网络各部分有序发展,尤其是在技术和需求发生变革的时候。遵循连贯的网络体系结构,使设计准则不断接受检验并得到完善,反过来也使网络体系结构越来越稳健和强大。

图1.1对OSI模型与TCP/IP模型进行了详细的比较[1]。OSI的七层协议体系结构的概念清楚,理论也较完整,但这种结构既复杂又不实用。TCP/IP的四层协议体系结构包含应用层、传输层、网际层和网络接口层。五层协议体系结构综合了OSI和TCP/IP的优点。

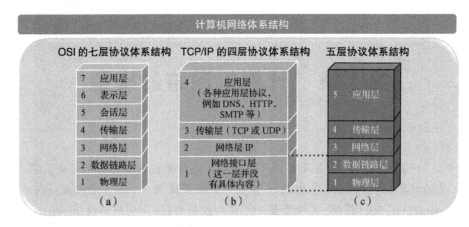

图 1.1　计算机网络体系结构

1.2　OSI 模型与 TCP/IP 模型的比较

如图 1.2 所示,OSI 模型有清晰的对应关系,TCP/IP 协议栈具有简单的分层设计。OSI 模型和 TCP/IP 模型有一些共同点,但也有很多不同点。

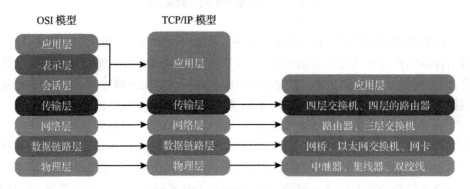

图 1.2　OSI 模型与 TCP/IP 模型

OSI 模型和 TCP/IP 模型有很多共同点,主要体现在以下几点。

①两个模型都是以协议栈概念为基础的。

②两个模型协议栈中的协议是互相独立的。

③两个模型中各个层的功能是相似的。

OSI 模型和 TCP/IP 模型有很多不同点,主要体现在:

①OSI 模型最大的贡献是明确区分了服务、接口和协议这三个概念,而 TCP/IP 模型没有明确区分服务、接口和协议。

②两个模型有不同的层数。OSI 模型有 7 层,TCP/IP 模型有 4 层。

③两个模型在无连接和面向连接的通信方面不同。

OSI 参考模型的网络层同时支持无连接和面向连接的通信,但是传输层只支持面向连接的通信。TCP/IP 参考模型在网络层只支持无连接通信,但在传输层同时支持两种通信模式。

④OSI 参考模型具有通用性,TCP/IP 模型不具有通用性。

虽然 OSI 模型是比较完备的理论模型,但其模型定义太过复杂,OSI 模型的专家们在完成 OSI 标准时没有商业驱动力;OSI 协议实现起来过于复杂,运行效率低;OSI 标准的制定周期太长,使得按 OSI 标准生产的设备无法及时进入市场;OSI 的层次划分也不太合理,有些功能在多个层次中重复出现。由于 OSI 模型存在上述问题,目前基于 TCP/IP 模型的互联网已在全球相当大的范围内得到了广泛应用。

1.3　对等网络的概念

20 世纪 70 年代中期,源于局域网文件共享技术的对等网络思想被提出并逐渐流行起来。目前大家所关注的重点是对等网络思想的新应用模式。这种应用不是已有技术的简单重复,而是对等网络的螺旋式上升发展。限于个人计算机(personal computer,PC)的性能,出于易用性和安全性考虑,基于 TCP/IP 协议构建的软件大多采用了客户端/服务器(Client-Server,C/S)模式,例如,浏览器和 Web 服务器、邮件客户端和邮件服务器等。随着 Web 服务需求的增长,对等网络资源的远程控制和资源共享成为迫切需要解决的问题。20 世纪 90 年代后期,PC 在运行速度和处理能力方面的突飞猛进,使得将服务器软件存放在单独的 PC 上成为可能,从而为对等网络的复兴提供了新的发展机遇。

不同的组织从不同的角度对对等网络进行过定义。比较有代表性的国际商业机器公司(International Business Machines,IBM)给出的定义如下。对等网络系统由若干互联协作的计算机构成,且至少具有如下特征之一:系统依存于边缘化(非中央式服务器)设备的主动协作,每个成员直接从其他成员而不是服务器的参与中受益;系统中的成员同时扮演服务器与客户端的角色;系统应用的用户能够意识到彼此的存在,从而构成一个虚拟或实际的群体[2]。

与 C/S 模式相比,对等网络模式具有分布性、可扩展性、匿名性、自组织性、用户透明性、容错性、协作性等特点[1]。对等网络模式与 C/S 模式的对比如图 1.3 和图 1.4 所示。

对等网络的特点主要体现在以下几个方面。

去中心化:网络中的资源和服务分散在所有节点上,信息的传输和服务的实现都直接在节点之间进行,无须中间环节和服务器介入,从而避免了可能的瓶颈。对等网络的去中心化特点使其具有可扩展性、健壮性等优势。

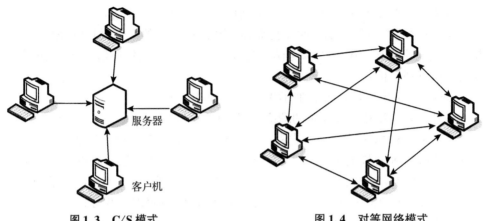

图 1.3　C/S 模式　　　　　　　　图 1.4　对等网络模式

可扩展性:在对等网络中,随着用户的加入,服务需求增加了,系统整体的资源和服务能力也在同步扩展,始终能较容易地满足用户的需要。整个体系是全分布式的,不存在瓶颈。理论上,其可扩展性几乎是无限的。

健壮性:对等网络架构天生具有耐攻击、高容错的优点。由于服务是分散在各个节点之间进行的,因此部分节点或网络遭到破坏对其他部分的影响很小。对等网络一般在部分节点失效时能够自动调整整体拓扑,保持其他节点的连通性。对等网络通常都是以自组织的方式建立起来的,并允许节点自由地加入和离开。对等网络还能够根据网络带宽、节点数、负载等的变化不断地进行自适应调整。

高性能/价格比:性能优势是对等网络被广泛关注的一个重要原因。随着硬件技术的发展,个人计算机的计算和存储能力以及网络带宽等性能依照摩尔定律呈高速增长。采用对等网络架构可以有效地利用互联网中散布的大量普通节点,将计算任务或存储资料分布到所有节点上。利用其中闲置的计算能力或存储空间,达到高性能计算和海量存储的目的。利用网络中的大量空闲资源,可以以更低的成本提供更高的计算和存储能力。

隐私保护:在对等网络中,由于信息的传输分散在各节点之间进行而无需经过某个集中环节,用户的隐私信息被窃听和泄露的可能性大大降低。此外,目前解决互联网隐私问题主要采用中继转发的技术方法,从而将通信的参与者隐藏在众多的网络实体之中。在一些传统的匿名通信系统中,实现这一机制依赖于某些中继服务器节点。而在对等网络中,所有参与者都可以提供中继转发功能,从而大大提高了匿名通信的灵活性和可靠性,能够为用户提供更好的隐私保护。

负载均衡:对等网络环境下,由于每个节点既是服务器又是客户端,降低了对传统 C/S 结构服务器计算能力、存储能力的要求;同时因为资源分布在多个节点,所以更好地实现了整个网络的负载均衡。

1.4 对等网络的分类

关于对等网络系统的研究目前可大致分成 4 大类[3]，分别为：内容共享（content sharing）、分布式计算（distributed computing）、通信与协作（communication and collaboration）以及对等网络系统平台的设计。

（1）内容共享

内容共享是对等网络应用较为成功的领域之一。内容共享系统中的计算机之间可以直接交换和共享自身的资源，这里的资源包括存储的文件数据以及存储空间等。内容共享又可以分为数据文件共享与数据存储共享两大类。

①数据文件共享。文件交换的需求直接引发了对等网络技术热潮。这些文件包括音频、视频、图像等多种格式。Napster、Gnutella 以及 Freenet 是 3 种典型的文件共享系统。

②数据存储共享。存储共享是利用整个网络中闲置的内存和磁盘空间，将大型计算工作分散到多台计算机上共同完成，这样可以有效提高数据的可靠性和传输速度。OceanStore 是其中一个典型的应用系统。

（2）分布式计算

分布式计算是利用整个网络上的计算机的闲置中央处理器、内存以及磁盘空间等，进行大规模的运算。其典型代表是 SETI@ HOME 系统。

（3）通信与协作

对等网络协同应用的目标是允许用户之间在应用层上协同工作。这种应用的范围很广，包括即时通信、在线游戏等。比较典型的有 Groove 系统，OICQ、ICQ、Yahoo messenger 聊天软件，以及一些游戏软件等。

（4）对等网络系统平台

随着一些中间件，如 JAVA 虚拟机、网络浏览器和服务器的出现，应用对操作系统环境的依赖越来越少。未来的系统有可能更多地依赖平台对用户和服务进行管理。对等网络平台可以支持基本的对等网络模块功能，包括命名查询通信、安全以及资源整合等，它们对操作系统的依赖较小。JXTA 和 . NET 是两个有代表性的对等网络平台。

1.5 对等网络关键技术

对等网络自身的特点，如系统的开放性、计算机之间的直接互联、资源和服务的共享等，使得对等网络系统在实现上存在一些关键技术，如动态成员管理机制、内容复制技术、内容查询定位算法、安全技术等[4-5]。

(1)体系结构

对等网络系统将成千上万的计算机用户连接起来,彼此提供和共享资源与服务。对等网络的系统结构是动态变化的,会不断地有新用户加入或老用户离开。因此,对等网络系统中一般都需要引入动态成员管理机制,专门进行用户加入、离开以及出错的管理。例如,在控制器局域网(controller area network,CAN)系统中,整个系统在逻辑上是一个 D 维的笛卡儿坐标空间,每一个用户分别管理一个小型的矩形坐标区域。当有新用户加入时,需要有一个老用户将自己的管理空间分成两半,将其中的一半分给新用户;当一个用户离开时,他的管辖区域要交给另一个用户。伴随着管辖区域的变化,每个用户所需保存的成员信息也会发生变化。这些都需要成员管理机制来进行管理。

对等网络现在发展得非常迅速,但还没有形成统一的体系结构。对等网络的体系结构直接关系到其各个方面,是必须首先解决的问题,也是对等网络研究的核心问题。

(2)服务质量问题

从应用的角度看,目前的对等网络技术应用得还不够广泛,其中一个重要的原因就是缺乏服务质量保证。当前绝大多数的对等网络体系结构仍然按照"尽力而为"的方式来分配资源和处理服务请求,即每个服务请求都被接受,对等网络按照当前可能提供的最佳方案分配资源以满足这一服务请求。这种"先来先服务"的模式无法向对等网络用户提供确定的服务质量保证。随着对等网络应用的不断深入,对等网络的服务质量保证问题已经成为制约对等网络应用的一个瓶颈,使对等网络技术不能很好地应用到一些关键业务或具有严格服务质量要求的应用场景中。

对等网络服务质量问题的本质原因是对等网络环境的易变性和不可预测性。

首先,对等网络建立在分布式资源环境之上,缺乏全局控制,加之资源本身的自主性、资源使用策略的多样性和网络固有的不可预测性,使得个体资源的行为具有很强的不可预测性,从而使对等网络本身的行为具有很强的易变性。

其次,对等网络节点具有很强的异构性和动态性。

异构性,无论是节点的计算能力还是带宽都存在巨大的差异。节点可能是个人计算机,也可能是服务器,甚至是大型集群系统,计算速度从每秒几十万次至每秒百亿次不等,它们所拥有的带宽从几百 Kbps 到几百 Mbps 不等。

动态性,也就是节点的会话时间极端异质。多数节点频繁加入或退出网络系统,可靠度不高,但也有少数节点具有持续的会话时间,长期存在于网络系统中,可靠度较高。

目前,对等网络服务技术正在逐渐成为构建大规模对等网络的重要技术手段,对等网络的服务质量将成为对等网络技术的研究热点。

（3）拓扑结构研究

拓扑结构是指分布式系统中各个计算单元之间的物理或逻辑的互联关系,节点之间的拓扑结构一直是确定系统类型的重要依据。目前互联网络中广泛使用集中式、层次式等拓扑结构。Interne 本身是世界上最大的非集中式的互联网络,但是 20 世纪 90 年代所建立的一些网络应用系统却是完全集中式的系统,很多 Web 应用都是运行在集中式的服务器系统上。集中式拓扑结构系统目前面临着过量存储负载、Dos 攻击等一些难以解决的问题。对等网络系统一般要构建一个非集中式的拓扑结构,在构建过程中需要解决系统中所包含的大量节点如何命名、组织以及确定节点的加入/离开方式、出错恢复等问题。根据拓扑结构的关系可以将对等网络研究分为 4 种形式:中心化拓扑(centralized topology);全分布式非结构化拓扑(decentralized unstructured topology);全分布式结构化拓扑(decentralized structured topology),也称作 DHT 网络;半分布式拓扑(partially decentralized topology)。

（4）内容存储

对等网络系统使用户之间可以共享资源。例如,在 Napster 系统中,用户可以访问其他用户计算机上的 MP3 文件。为了提高这种访问成功率,即提高资源的可获得性,很多对等网络系统都采用了复制和缓存技术。复制(replication)是将文件复制到离请求发起用户较近的用户节点中;缓存(caching)有多种不同的策略,例如,在 Freenet 系统中,文件在发布过程中每经过一个用户节点,都将被复制保存在该用户节点中;文件找到后,再传回请求发起用户的路径上,每个经过的用户节点也将保存该文件的副本。复制和缓存都可以减少查询文件所需经过的路径长度,从而减少用户间的消息传输量,降低通信延迟。同时,当系统中的一个用户出现问题时,保存在其他用户节点中的冗余信息能够保证系统正常运行。

（5）内容查询

在对等网络系统中,一个用户要共享另一个用户计算机上的资源,不论是文件、存储空间还是计算资源,一个关键的问题是要找到资源所在的目标主机,因此,内容的查询是对等网络系统的核心。从目前的研究现状来看,主要存在 3 种有关内容查询的算法[4]。

①集中式索引算法(central index)。以 Napster 系统为代表。在 Napster 系统中,用户都与一个中央服务器相连接,中央服务器上保存了共享文件的索引。中央服务器对收到的用户请求进行匹配查找,直到找到保存了所需文件的目的用户。然后,由发起请求的用户与目的用户直接进行文件交换。这种算法的不足在于依赖一个集中式的结构,这会影响系统的可扩展性。

②泛洪请求算法(flooded requests)。代表系统为 Gnutella。每一条用户消息都将被广播给与该用户直接相连的若干其他用户;这些用户收到消息后,也同样地将消息广播给各自连接的用户;以此类推,直到请求被应答,消息的生存时间(time to live,TTL)减少为 0 或超过最大的广播次数(通常在 5 到 9 之间)。这种算法的不足在于需要较大的网络带宽,因此会影响对等网络系统的可扩展性。

③文件路由算法(document routing)。代表系统为 Freenet[5]。这种算法的特点是采用基于哈希函数的映射。系统中的每一个用户都有一个随机的 ID 序列号,系统中的每一个文件也有一个 ID 序列号,这个序列号是根据文件的内容和名字,经过哈希函数映射得来的。文件发布时,每一个用户都把文件转发给拥有与文件 ID 最相近的 ID 的用户,直到最接近文件 ID 的用户就是该用户本身。转发过程中经过的每一个用户都将保存该文件的副本。索取文件时,每个用户都将请求消息转发给与所需文件 ID 最相近的 ID 的用户,直到文件或其副本被发现为止。Tapestry、Pastry、Chord、CAN 都是采用这种方法的对等网络系统。这种算法的优势在于可扩展性较好,不足在于可能导致整个网络分裂成若干彼此不相连的子网络,形成孤岛,其查询也要比泛洪请求算法更麻烦一些。

(6)定位路由技术

在消息的传输过程中,对于互联网上众多的计算机,对等网络应用比其他应用更多地考虑低端 PC 的互联,因为它们不具备服务器那样强的联网能力。同时,与以往的对等网络应用技术相比,现在的硬件环境已经更为复杂。因此,对等网络必须在现有硬件环境和底层通信协议上提供端到端定位(寻址)和握手技术,以建立稳定的连接。具体涉及的技术有 IP 地址解析、NAT 穿透和防火墙穿透等。此外,在应用层上,如果两个用户通过互联网建立连接,那么一方的信息就必须为另一方所识别,所以对等网络系统还需要包含关于数据描述和交换的协议,例如 XML、SOAP、UDDI 等。

(7)系统安全

由于对等网络的开放性和用户发布消息的匿名性,对等网络系统存在许多安全隐患。例如,在采用复制技术的对等网络系统中,恶意用户可以无限制地产生恶意文件并在网上传播。对于这些安全问题,很多对等网络系统都采取了身份认证、数字签名、加密算法、防火墙等技术来保障用户和系统的安全。例如,在对等网络平台 .NET 中,每个用户都需要拥有一个 passport 账号,系统通过这个账号对用户进行身份认证。

(8)分布式计算

分布式计算是指协调对等网络中的计算机完成同一计算任务。一个成功典范是 1999 年启动的 SETI@ HOME 项目。在该项目中,分布于世界各地的 200 万台个人电脑组成计算机阵列,搜索射电望远镜信号中的外星文明迹象。据统计,在不到两年的时间里,这种计算方法已经完成了相当于单台计算机 345 000 年的计算量。另外,不少公司也已经开始注意这方面的商机。例如,POPULAR POWER 公司就收集处于空闲时段的 PC 的闲置计算能力,通过集群技术产生超级计算能力,提供给高强度计算工作和大型研究项目使用,该公司通过销售个人计算机的闲置资源来获取利润。在 POPULAR POWER 的模式中,用户被要求在他们的 PC 上安装一个特制的屏幕保护程序。当屏保运行时,POPULAR POWER 就会向这些用户的 PC 分配工作负载。

(9)协同工作

公司机构的日益分散,给员工和客户提供轻松、方便的沟通和协作工具变得日益重要。网络的出现使协同工作成为可能。但按照传统的 Web 方式实现,会给服务器带来极大的负担,造成昂贵的成本。对等网络技术的出现,使得互联网上任意两台 PC 都可建立实时的联系,即建立一个安全、共享的虚拟空间,人们可以进行各种各样的活动,这些活动可以同时进行,也可以交互进行。对等网络技术可以帮助企业和关键客户以及合作伙伴之间建立起一种安全的在线协作方式,因此基于对等网络技术的协同工作也受到了极大的重视。Lotous 公司开发的协同工作产品 Groove 就是对等网络在该领域具有代表性的应用之一。

1.6　本书的结构

本书共分为 8 章。第 1 章为计算机网络的模型,讨论了计算机网络体系结构,详细论述了 OSI 模型和 TCP/IP 模型的分层功能模块,同时比较了两种模型的异同。本章详细讨论了对等网络的概念、分类及关键技术。通过本章的学习,读者可以了解计算机网络体系结构的主要模型。第 2 章首先将服务质量引入对等网络体系结构中,构造了一种基于服务质量的对等网络体系结构,并且给出了对等网络拓扑结构的设计方法。在经典对等网络结构中,所有节点都处于对等地位,没有考虑节点的不同处理能力,不能保证服务质量。在对等网络中,引入服务质量属性,构造基于服务质量的子网,不仅能保证单个节点的服务质量,而且能提高对等网络的整体性能。该部分给出了在对等网络中构造子网拓扑结构的描述,将该内容分为三个子问题进行研究。然后研究了对等网络中对等节点的聚集问题,采用基于路标的拓扑感知动态节点聚集算法解决对等节点的聚集问题;研究了对等主干节点选择算法,最后解决了对等主干核心层虚拟链路的选取问题,并给出了相应的实验结果及分析,分析了算法的收敛性。第 3 章提出了对等网络服务的路由模型,本章首先对目前三代主流对等网络路由模型进行了深入研究,并详细分析了其存在的优势和不足,综合分析了现有的对等网络路由模型,在此基础上,详细论述了面向对等服务的路由模型的分簇结构。然后分别讨论了面向对等服务的簇内和簇间服务质量的路由算法。第 4 章描述了基于服务质量的对等网络服务发现,提出了基于服务质量的对等网络服务发现方法,并详细描述了簇内和簇间的服务发现算法。目前的对等网络服务缺乏对服务质量保证的考虑,不能充分利用某些网络节点特殊的服务质量属性。针对现有对等网络服务发现的问题,为了提高对等网络服务发现的效率,结合服务质量属性和对等网络特点,本章提出一种基于服务质量的对等网络服务发现算法模型。本章首先定义了基于服务质量的对等网络服务描述,并在服务描述中引入语义信息,利用这些语义信息来提高服务发现过程中服务匹配的准确性,在此基础上建立了服务质量保证的对等网络服务发现模型,并给出了对等网络服务发现问题的遗传求解算法框架。最后,通过实验分析了服务发现算法的可行性和有效性。第 5 章为基于服务质量的对等网络服务组合,本章提出了基于服务质量的对等网络服务组合算法。由于构建的对等服务网络是分簇的,所以基于服务质量的对等服务发现过程分为簇内服务发现和簇间服务发现两个阶段,保证选取有质量保证的服务,为服务组合提供良好的基础保证。由于现有对等网络服务缺乏服务质量保证,很难将其应用于商业领域。本章将服务质量属性引入对等网络服务,提出对等网络中服务质量保证的服务组合模型,并给出了基于服务质量的对等服务组合计算方法。第 6 章为基于信任的对等网络服务。在对等网络环境下,网络节点具有很大的动态性,对于不稳定的节点,很难收集到完整的节点信息,以大规模节点为基础建立信任模型存在很大困难。针对这种挑战,将博弈论的思想引入对等网络中,研究对等网络环境下的信任模型,并给出了模型的求解算法,最后通过仿真实验分析了算法的可行性和有效性。证明了建立的对等网络服务的信任模型一方面可以激励可信度高的服务,对可信度高的服务实行奖励;同时可以抑制可信度低的服务,从而促使对等网络服务的良性发展,提供有质量保证的对等网络服务。第 7 章为对等网络在社交平台中的应用。本章首先将对等网络引入移动网络中,提出了移动对等网络的概念和特征,然后论述了移动对等网络的关键技术,并讨论了移动对等网络的未来发展方向。对等网络在社交平台中的应用分为三个主要部分。第一部分通过将对等网络引入社交网络,为基于对等网络的社交平台奠定了基础,为整个研究提供了清晰的路线图。第二部分分析了基于对等网络的社交平台的功能模块,对应用于在线社交网络的对等网络的关键功能进行了全面细分和讨论,重点讨论了平台实现的需求和需要的关键技术。最后一部分对现有的基于对等网络的社交平台进行了分析,并讨论了对等网络的社交平台的未来发展方向。第 8 章为对等网络在区块链中的应用。区块链技术的出现解决了传统中心化系统中存在的信任问题,为各行业带来了前所未有的机遇和挑战。区块链技术正在不断演进和发展,在物联网、医疗健康、能源等领域发挥着重要作用,未来将有更多的应用场景被发现和探索。本章从区块链的定义和特点、区块链的模型以及对等网络系统在区块链技术中的应用等方面对区块链进行了分析和介绍,为读者进一步了解和学习区块链技术奠定了基础。

1.7　本章小结

本章主要讨论了计算机网络体系结构,详细论述了 OSI 模型和 TCP/IP 模型的分层功能模块,同时比较了两种模型的异同。然后详细讨论了对等网络的概念、分类及关键技术。最后给出了本书的结构,概述了每章的核心内容。

第2章　基于服务质量的对等网络模型

　　目前国内外对等网络的研究大多集中在对等网络的高效搜索算法、动态成员管理机制、内容复制技术、内容查询定位算法、协同工作、分布式计算、安全等方面。随着对等网络技术的快速发展,对等网络需要支持多媒体的大规模分布式应用,而多媒体对网络通信提出了新的要求,网络通信不但需要确保正常的传输,还要保证多媒体数据传输的服务质量。与传统业务相比,以视频点播(video on demand,VOD)系统为代表的实时多媒体业务对带宽、传输时延等方面提出了更高的要求,服务质量问题显得十分重要[6]。但对等网络本身没有完善的服务质量管理体系,不能提供服务质量保证,因此,如何建立一个有服务质量保证的对等网络是当前基于服务质量保证的对等网络体系结构研究的重要问题。

　　针对上述问题,本章将服务质量引入实时动态的应用层对等网络,构建基于服务质量的对等网络体系结构,以保证对等网络的服务质量,优化对等网络的结构。

2.1　基于服务质量的对等网络模型

2.1.1　基于服务质量的对等网络的主要思想

　　服务质量作为下一代网络的核心技术之一,近年来一直是计算机网络研究与发展的热点。一般情况下,服务质量是指网络在传输数据流时要求满足的一系列服务请求,强调端到端(或网络边界到边界)的整体性。

　　随着网络技术的不断发展,特别是多媒体的大规模分布式应用,更多具有不同服务质量需求的业务将在网络上实施。用户面对的网络环境由相对静态变为动态,用户任务将由对单一网络的服务质量需求变为对多个服务质量的需求,这样用户需要提出更多的服务质量需求,以适应网络的动态性和异构性。这种新需求、新业务的增加使得用户对网络服务的个性化要求不断提高。为了满足未来不断增长的个性化需求,必须提高网络的服务质量,从而保证其服务能力。未来的网络用户将面临一个更加复杂的网络应用服务环境,用户的服务质量需求将从当前对网络物理资源的需求扩展到对非网络物理资源的需求,服务质量需求也将从以前的单一化向多样化转变。

由于对等网络节点的动态性和异构性,针对传统互联网的服务质量保证的技术和方法不能直接应用于对等网络环境中的问题,有必要将服务质量引入对等网络。对等网络服务作为应用层的重要部分,同样必须具备建立和支持服务质量的机制和策略。

本章在分析服务质量特点的基础上,深入研究对等网络,综合利用服务质量和对等网络的特点及优点,提出一种基于服务质量的对等网络结构模型。通过将服务质量引入对等网络中,实现对等网络的性能优化。并研究了其关键技术。

2.1.2　基于服务质量的对等网络结构

目前的一些关键领域和业务应用(视频点播、流媒体)对对等网络提出了严格的服务质量要求[7-8],缺乏服务质量保证已成为制约对等网络应用的要素,因此,相关问题的研究引起了学术界和工业界的共同关注。对等网络必须具备建立和支持服务质量的机制和策略,而国内外关于对等网络的服务质量管理的研究刚刚起步。

针对上述问题,本章提出了基于服务质量的对等网络模型(based on QOS P2P service,BQPS),其理论模型如图 2.1 所示。

模型采用分层的思想,分层的好处有如下几点。

(1)灵活性

当任何一层发生变化时,如节点的变化,只要层间接口关系保持不变,则这层以上或以下各层均不受影响。此外,该模型还可以对某层提供的服务进行重新配置。

(2)易于实现和维护

这种分层结构使得实现和维护一个复杂系统变得容易,因为整个系统已被分解为若干个相对独立的子系统,可以在已有条件(子系统)的基础上构造新的子系统,进而构造整个系统。

(3)独立性

模型中某一层并不需要知道它的下一层是如何实现的,而仅需要知道该层通过层间接口提供的服务。由于一层只实现一种相对独立的功能,因而可将一个难以处理的复杂问题分解为若干个容易处理的更小一些的问题。这样,整个问题的复杂程度就下降了。

(4)结构上可分割

各层都可以采用最合适的技术来实现。

图 2.1 中基于服务质量的对等网络模型分为两部分,左边的部分侧重于体系结构的功能方面,而右边的部分侧重于体系结构的服务质量方面。

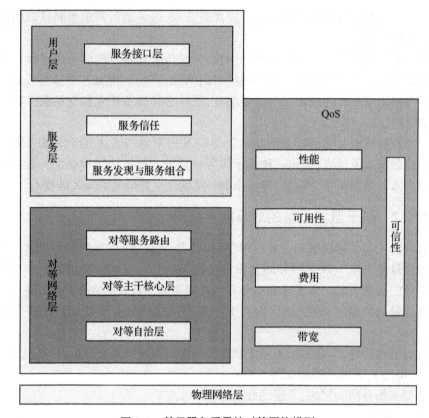

图 2.1　基于服务质量的对等网络模型

2.1.3　基于服务质量的对等网络模型体系结构的功能

基于服务质量的对等网络模型体系结构的功能主要分为以下几个层次。

（1）物理网络层

它是对等网络层的构造基础,提供基本的物理层传输、网络通信和路由等功能。物理网络层包括原有七层网络体系结构的全部。它向对等网络层提供必要的通信节点、通信协议和物理连接。

（2）对等网络层

该层是构建一个对等网络的拓扑模型,模型分为对等自治层和对等主干核心层。生成并维护有服务质量保证的服务网络拓扑结构,按某种路由算法生成节点的路由表,为上面的服务发现和对等组合层提供对等网络逻辑路由功能。该层主要在物理网络层的基础上研究对等服务网络的路由算法,在有服务质量保证的对等网络拓扑结构基础上,按照分簇的思想分别研究了对等网络的簇内和簇间路由算法,通过研究对等网络的簇内服务质量路由算法和簇间服务质量路由算法,提供具有服务质量保证的对等网络服务路由。

（3）服务层

该层主要在对等网络层的基础上处理服务的发现和服务的组合问题,为用户层的各种应用系统提供有质量保证的服务。在对等网络层的基础上,按照分簇的思想分别研究了对等网络的簇内和簇间服务发现算法,通过研究对等网络的簇内服务质量服务发现算法和簇间服务质量服务发现算法,提供具有服务质量保证的对等网络服务发现方法。此外,还研究了具有服务质量保证的对等网络服务组合模型。该层包括基于服务质量的服务信任模型的建立。

（4）用户层

负责为用户提供多样化的应用服务,为用户和应用程序提供应用程序接口。

2.1.4　对等网络服务质量的主要思想

对等网络的基础设施具有复杂性,其组件通常无法轻易控制。因此,没有服务质量保证的应用程序性能不稳定,关键业务难以在对等网络上运行。针对对等网络的这一缺点,将服务质量引入对等网络中,以服务质量作为主要参数,构建基于服务质量的对等网络,从而为用户提供有质量保证的服务。

2.1.5　对等网络的服务质量组成

（1）对等网络的服务质量的构成因素

本章中对等网络的服务质量考虑了五类构成因素[9-10]:性能、费用、可用性、可信性、带宽。因此对等网络的服务质量因素组成可表示为以下五元组:

$$服务质量 = <Performance, Cost, Availability, Trust, Bandwidth>$$

（2）对等网络的服务质量度量

①对等网络服务的性能。

对等网络服务的性能向量可表示为:

$$Performance = (Time, Throughput)$$

响应时间（Time）:用户从提交服务请求到获得服务响应所用的时间,包括服务时间和通信时间。响应时间由对等网络服务的实际运行时间 Trun(PSt)和对等网络服务通信时间 Tcom(PSt)两部分组成。总的响应时间计算公式为:

$$Time = Trun(PSt) + Tcom(PSt)$$

吞吐量（Throughput）:是指对等网络服务在单位时间内可以处理的服务请求数目,经常以请求/秒来衡量。吞吐量通常被视为要优化的重要性能度量。

$$Throughput = \frac{\sum_{0 < i < t} N_{req(i)}}{t}$$

式中,N 表示对等网络服务的请求数,t 表示统计对等网络服务吞吐量的时间间隔。

②费用(Cost)。费用表示请求者获得服务需要支出的费用,考虑它是为了保证服务请求者能在预算范围内完成既定任务。

③可用性(Availability)。可用性指对等网络服务正常运行的概率,定义为操作成功调用的次数与总调用次数的比率。

$A(PSt) = \#(successful\ invocations)/\#(total\ invocations)$,$\#$为次数计数函数

④可信性(Trust)。可信性是对等网络服务需要考虑的一个重要因素。本章通过服务的信任值来表示可信性。

⑤带宽(Bandwidth)。带宽表示服务在网络中传输所占用的频带范围。本章的服务带宽是从节点之间可接受的服务连接带宽和节点提供给服务的最大带宽两个方面来考虑的。

2.1.6 对等网络中服务质量的合理性分析

在经典对等网络结构中,所有节点都处于对等地位,没有考虑节点的不同处理能力,因此不能保证服务质量。本章在对等网络中引入服务质量机制,从而提高对等网络的服务质量。

本章对等网络中服务质量参数的选择和定义基于以下考虑。

(1)响应时间和吞吐量

对等网络中考虑的第一个服务质量参数是对等网络服务的性能向量,对等网络服务的性能向量包括响应时间和吞吐量。较大的吞吐量和较短的响应时间反映了对等网络能提供较好的服务质量。响应时间是调用对等网络服务的平均响应时间。平均响应时间测试实质上是在一段时间内进行循环测试,然后计算出所有响应时间的平均值。在一个时间段内,不断地对对等网络服务进行响应时间的测试,得到的平均响应时间,用于性能分析显然更具有参考价值。

(2)费用

费用也是对等网络服务需要考虑的一个重要因素。如果不将费用因素纳入服务质量考量,在系统资源有限的前提下,很难利用网络资源为用户提供较好的服务质量。费用对于需要节省开支的服务提供商和服务请求者都是重要的因素。

(3)可用性

可用性是对等网络服务需要考虑的一个重要因素。只有对等网络提供的服务是可用的,才有可能进一步提高网络服务质量。

(4)可信性

不同的用户对相同的服务会有不同的感受,这主要取决于使用该服务的最终用户对服务的满意度。服务具有连续性,以前的评估结果对后续的服务使用者具

有参考价值。

（5）带宽

带宽是网络中的宝贵资源，如何有效地利用带宽来提高服务质量是一个重要的问题。

通过对对等网络的服务质量因素的研究和应用，研究人员发现，对等网络可以为用户提供有服务质量保证的服务，从而构建基于服务质量的对等网络模型。

2.1.7　基于服务质量的对等网络的关键技术

（1）提出了基于服务质量的对等网络服务结构

在深入研究各种对等网络体系结构所面临的问题的基础上，本章提出了基于服务质量的对等网络的概念和体系结构的雏形，给出了其逻辑框架，定义了各组成部分的功能及相互关系。

（2）构建了基于服务质量的对等网络拓扑模型

在基于服务质量的对等网络模型中，将基于服务质量的对等网络的拓扑结构分为两层：对等自治层、对等主干核心层。对等自治层主要解决采取何种聚集算法对节点进行聚集的问题，以便将地理上邻近的节点分到同一个聚集中，从而使得BQPS网络的逻辑拓扑尽量反映实际的物理拓扑，即节点的聚集问题。之后不同的对等网络服务路由算法则可以充分利用每个聚集中节点物理上邻近的特点优化路由。对等主干核心层主要解决对等主干节点的选举问题和链路的选取问题。

①节点的聚集问题。如何在基础物理网络中聚集节点来构造对等网络是对等网络拓扑及路由研究的基础，是首先需要解决的问题。

②基于服务质量的对等网络中的对等主干节点选举问题。在节点聚集成簇的基础上，在每个聚集内选出 M 个节点分别作为该聚集的主对等主干节点和备份对等主干节点，每个聚集内允许采用不同的路由算法，从而提高对等网络的灵活性和可扩展性。

③基于服务质量的对等网络中的链路选取问题。由于基于服务质量的对等网络的链路是对底层物理网络链路的抽象提取，是一种虚拟链路，因此，合理地选取虚拟链路，从而优化拓扑结构，为对等网络提供更好的支持是需要进一步深入研究的问题。

（3）提出了基于服务质量的对等网络路由模型

在基于服务质量的对等网络的拓扑模型基础上，如何实现对等网络服务的路由是对等网络服务的核心问题。首先，建立基于分簇的面向对等网络服务的路由模型，并详细论述了该路由模型的层次结构和服务路由信息的交互过程。然后，分别讨论了面向对等网络服务的簇内和簇间服务质量路由模型。主要包括以下内容。

在面向对等网络服务的簇内服务质量路由算法中,主要分析了簇内单播服务质量路由和簇内组播服务质量路由。簇内单播服务质量路由将服务质量引入面向对等网络单播服务中,提出了 BQPS 网络单播服务路由算法,设计了启发式算法来解决问题,并进行了分析和仿真。实验结果证明该算法具有良好的收敛性能。簇内组播服务质量路由算法主要讨论了组播服务质量路由模型的建立和对算法的求解。面向对等网络服务的簇间服务质量路由算法主要分析了簇间单播服务质量路由算法和簇间组播服务质量路由算法。

(4)提出了基于服务质量的对等网络服务发现模型

针对对等网络服务发现的问题,本章提出并建立基于服务质量的对等网络服务发现模型。根据文中建立的基于分簇的对等网络路由模型,基于服务质量的对等网络服务发现应从簇内和簇间两个方面进行分析和研究。

(5)提出了基于服务质量的对等网络服务组合模型

对等网络服务的大量涌现对服务发现提出了挑战。首先,在对现有对等网络服务发现的问题进行分析的基础上,提出了基于服务质量的对等网络服务发现算法。由于现有对等网络服务缺乏服务质量保证,因此很难应用于商业领域。在服务发现的基础上提出了具有服务质量保证的对等网络服务组合模型,并给出了基于服务质量的对等网络服务组合算法。

2.2　基于服务质量的对等网络拓扑模型

对等网络的拓扑结构采用分层的网络拓扑结构模型。该结构采用了分簇的方法,对等节点按聚集算法聚集成簇,从普通对等节点中选出具有服务质量保证的节点作为簇的中心和主要服务的提供者。然后这些中心节点相互连接,形成主干网络。簇的存在增强了对等网络的服务质量保证,提高了对等节点资源的查询速度。同时,与集中式结构相比,分层结构把网络的负载分散到各个主干节点,使得单个节点不会因负载过重而成为潜在的系统瓶颈。基于服务质量的对等网络模型将基于服务质量的对等网络的拓扑结构(简称 BQPS 拓扑结构)的功能分为两层:对等自治层、对等主干核心层,其拓扑模型如图 2.2 所示。

系统的主要成员如下。

对等主干节点:根据处理能力、带宽容量、文件存储量和在线频率从不同的簇内节点中选出,至少提供加入、更新、离开和查询四种基本服务。

对等普通节点:由对等主干节点所辖区域内性能较弱的多个对等点充当,同时扮演客户端和服务器两种角色。一方面,像客户端那样向对等主干节点发送请求;另一方面,又像服务器一样接收其他节点的服务请求。

主干备份节点:为增强系统的可靠性,引入备份节点作为对等主干节点的冗

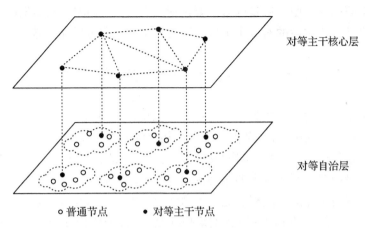

对等主干核心层

对等自治层

○普通节点 ● 对等主干节点

图2.2 基于服务质量的对等网络拓扑模型

余。备份节点从不同簇内节点中选出,定期备份对等主干节点中的目录表,当对等主干节点发生故障或退出对等主干核心服务网时,由备份节点取而代之。

综上所述,所构建的基于服务质量的对等网络拓扑模型具有以下特性。

无单点依赖:任意服务节点失效后,不会导致对等网络大面积瘫痪。

可扩展性强:随着用户的加入,服务的需求增加了,系统整体的资源和服务能力也在同步扩充,始终能较容易地满足用户的需要。网络的性能不会随着节点的增多而降低。

服务发现迅速:能够在可预测的跳数内返回用户的服务查询结果。

能够适应动态网络:在网络节点频繁加入或离开的时候,系统维护成本小。

具备容错能力:当节点失效的时候,系统能够自动修复网络。

根据上述对等网络的拓扑结构模型,对等网络的拓扑结构可分为两层:对等自治层和对等主干核心层。该模型构建可分为三个子问题:基于路标的节点聚集问题、对等主干节点的选择问题,以及核心链路的选取问题。其基本思路是将物理距离接近的节点聚集在一起,以便将地理上邻近的节点分到同一个聚集中,从而使得对等网络的逻辑拓扑尽量反映实际的物理拓扑,可用于提供对等自治层的服务质量有保证。对等网络节点聚集的过程就是将网络节点的集合划分为若干个簇,要求簇内节点间的距离尽可能小,簇间的距离尽可能大。同一簇内的节点间距离差别很小,而不同簇之间的距离较远。从不同的簇内选出服务质量有保证的节点作为对等主干核心节点,加快了对等节点服务查询的速度。在不同的簇内选出服务质量有保证的节点作为对等主干核心节点后,就是对等网络对等主干核心层虚拟链路的选取问题。核心层上虚拟链路的选取设计关键在于使对等主干核心层的生存能力高,并且使对等主干核心层的路由代价最低。本章提出的对等网络主干核心层虚拟链路的选择服务质量因素主要包括以下参数:虚拟链路的路由代价、虚拟链路的可靠性。优化后的对等主干核心层有利于对等服务的路由选择。

2.3 对等自治层节点的聚集问题

对等网络的应用由于缺乏相应的拓扑感知机制,上层的覆盖网络拓扑与下层的通信网络拓扑不匹配,导致节点不能与其相邻的节点交换数据,上层应用的数据传送和资源定位低效,并对下层物理网络造成了巨大的带宽压力。调查表明,近年来互联网流量中对等网络所占的比例达到 60%,所以如何提高上层覆盖网络拓扑与下层通信网络拓扑的匹配程度是对等网络服务中非常重要的问题[11]。

根据上节所阐述的 BQPS 服务网络拓扑结构,首先要构建对等自治层。目前常用的节点聚集方法有:通过某个全局节点或第三方服务来收集全局的拓扑信息[12-14]、直接从 BGP 路由器上获取拓扑信息[15-17],以及一种基于静态路标的节点聚集算法[18],其聚集邻居表中的邻居节点都是距离自己较近的其他组节点,这很容易导致出现网络分割的情况。

目前较为典型的方法是基于地标测量的通用方法[19]。该方法的基本原理是动态地构建一个以聚集为节点的覆盖网络,节点间的邻接关系以距离最近为标准,即各聚集只与其最近的若干聚集建立邻接关系,网络的构建从最初的一个节点开始,随着节点的加入逐渐形成。节点的加入过程如下。

当一个节点加入时,首先从某一已知节点随机获取某一聚集的地址作为参考点,测量到该聚集及其所有邻居聚集的距离,并用地标定位方法判断是否加入该聚集。如果符合条件,则加入。如果到该聚集的所有邻居聚集的距离均大于到该聚集的距离,则以加入节点为头节点新建一个聚集,并选择该聚集的邻居为邻居;或者选取距离最近的一个邻居聚集作为参考点,重复上述操作,直至找到某一符合加入条件的聚集或新建一个聚集为止。

这种方法虽然原理简单,但聚类效果很粗糙。本章利用地标定位原理和特征有效性评价标准的聚集特性,给出了一种效果较好的节点聚集方法。该方法不但可以将网络节点的集合划分为若干个簇,而且可以使划分后的簇内距离尽可能小,簇间距离尽可能大。本章后续内容将具体阐述该算法的原理及实现。

2.3.1 对等网络节点的聚集思想

对等网络节点聚集的目的是将地理位置邻近的节点分到同一个聚集中,从而使得 BQPS 网络的逻辑拓扑尽量反映实际的物理拓扑,这样 BQPS 路由算法可以充分利用每个聚集中节点物理上邻近的特点优化逻辑路由。

节点的聚集问题可以用图论来表示,则一个 BQPS 可以表示为无向图 $G=(V,$

E,D_G),其中点集 V 为顶点的集合,E 为边集的集合,$D_G(u,v)(u,v\in V)$ 表示网络节点 u、v 间的延迟,对等网络节点的聚集问题就是将网络节点在延迟度量空间上划分为不同的子图 $G_1(V_1,E_1,D_1),G_2(V_2,E_2,D_2),\cdots,G_k(V_k,E_k,D_k)$($K$ 为聚集数,V_i,E_i,D_i 分别为子图的节点、链路、链路间的延迟集合,$i=1,\cdots,K$),且满足下面的条件。

(1)$V_1\cap V_2\cap\cdots\cap V_k=\varnothing$　(表示划分的若干子图不相交)

(2)$V_1\cup V_2\cup\cdots\cup V_K=V$　(表示划分的若干子图的节点集合为整个节点的集合)

(3)$D_i(u,v)<\varepsilon(u,v\in D_k,i=1,2,\cdots,k)$　(ε 表示聚集内节点的时延上限)

2.3.2　基于路标的对等节点聚集算法

下面将提出一种基于路标的对等节点聚集算法,算法描述如下。

(1)节点聚集算法的主要优点

①易区分性。对等网络节点聚集的过程就是将网络节点的集合划分为若干个簇,要求簇内节点间的距离尽可能小,簇间的距离尽可能大。同一簇内节点间距离差别很小,而不同簇之间的距离差别较大,以便容易区分。

②实时性。作为一个应用于对等网络系统的聚集算法,其必须要考虑到对等网络中的节点都是端系统,并且数目庞大、动态性强,因此该算法必须具有实时性。

③可扩展性。

(2)节点聚集算法内容

①分布式编码的计算。对等网络节点聚集初始化的过程采用基于路标的节点聚集算法,在计算新加入节点和路标集合的延迟时都采用了分布式编码的方法[20]。在具体描述聚集算法之前,首先给出分布式编码的计算方法。

分布式编码的目标是将节点分为不同的簇。该方法的前提是网络上有 k 台机器作为路标,应用程序可通过域名系统(domain name system,DNS)发现这 k 台机器的 IP 地址。通过测量节点与这些路标计算机的往返路程时间(round trip time,RTT),并对返回的 RTT 排序,从而获得排序序列。

首先将事先选取的 k 个节点作为路标,网络中每个节点分别探测其本身到这些路标节点的延迟,得到关于该路标集合的分布式编码,以此作为评价标准。令 L_i 表示一个路标,L 表示 k 个路标的集合,即 $L=\{L_1,L_2,L_3,\cdots,L_k\}$。将节点 a 对 L 中的路标排序获得 L_a,L_a 是节点 a 的分布式编码,$L_a=i_1i_2\cdots i_k$,其中 $i_1i_2\cdots i_k$ 是关于 1,2,$\cdots$,k 的一个排序。为了计算 L_a,a 将分别探测自己到 $L_i(1\leqslant i\leqslant k)$ 的延迟,得到一个关于 1,2,$\cdots$,k 的排序,该排序满足:$\forall l_i,l_j\in L_a,l_i<l_j\Leftrightarrow\mathrm{RTT}(a,l_i)<\mathrm{RTT}(a,l_j)$。

②特征有效性评价标准。特征有效性评价标准 J_e 定义为:簇间离散度 s_b 与簇内离散度 s_w 的比值,具体表达式稍后给出。J_e 越大说明簇间离散度 s_b 越大、簇内

离散度 s_w 越小。同一簇内节点距离很相近,而不同簇之间距离较大,以便容易区分。同一簇中的差别用簇内离散度 s_w 衡量,而不同簇之间的差别用簇间离散度 s_b 衡量。下面介绍有关的概念。

最初网络中有 n 个节点需要聚集成不同的簇,聚集就是将对等网络节点在延迟度量空间上划分为不同的子图 $g_1(v_1,e_1,w_1),g_2(v_2,e_2,w_2),\cdots,g_K(v_K,e_K,w_K)$,$K$ 为聚集数 $(i=1,\cdots,K)$。n 个节点:$v_1,v_2,v_3,\cdots,v_n$,可用矢量表示为:$\boldsymbol{v}=[v_1,v_2,v_3,\cdots,v_n]$。这 n 个节点在 k 个节点上的分布式编码取值如表 2.1 所示。

表 2.1　n 个节点在 k 个节点上编码的取值

特征	样本				
	簇 y_1	簇 y_2	簇 y_3	$\cdots$	簇 y_k
v_1	v_{11}	v_{12}	v_{13}	$\cdots$	v_{1k}
v_2	v_{21}	v_{22}	v_{23}	$\cdots$	v_{2k}
$\vdots$	$\vdots$	$\vdots$	$\vdots$	$\vdots$	$\vdots$
v_n	v_{n1}	v_{n2}	v_{n3}	$\cdots$	v_{nk}

表 2.1 可用矩阵表示为:

$$\boldsymbol{v}=(\boldsymbol{v}_{ij})_{n\times m}=\begin{bmatrix} v_{11},v_{12},v_{13},\cdots,v_{1k} \\ v_{21},v_{22},v_{23},\cdots,v_{2k} \\ \vdots \\ v_{n1},v_{n2},v_{n3},\cdots,v_{nk} \end{bmatrix}$$

$\boldsymbol{v}_i=(v_{i1},v_{i2},\cdots,v_{ik})^T$,设在各簇上的取值为一个矢量 $\boldsymbol{v}_i$。式中 T 为转置符号。簇 y_i 在各特征上的取值组成一个矢量 $\vec{y}_i$,$\vec{y}_i=(y_{1i},y_{2i},\cdots,y_{ni})^T$。簇 y_i 和 y_j 之间的相近程度用它们之间的范数 $d_{ij}=\|\vec{y}_i-\vec{y}_j\|$ 来表示。在本章中,用它们(簇 y_i 和簇 y_j)之间的距离平方和来表示这个范数,即,$d_{ij}=\dfrac{1}{N_i}\sum_{m=1}^{n}(\vec{y}_{mi}-\vec{y}_{mj})^2$。

为了给出一个好的分簇评价指标 J_e,先定义几个基本概念。

定义 2.1:一组簇样本的均值向量。若 N_i 是第 i 个簇在聚类 $\varGamma_i$ 中的节点数目,$\vec{m}_i$ 是这些节点的均值向量,可得 $\vec{m}_i=\dfrac{1}{N_i}\sum_{\vec{y}\in\varGamma_j}\vec{y}$,$i=1,2,\cdots,k$,$k$ 是簇的个数。

定义 2.2:同一簇中节点的离散度。把 $\varGamma_i$ 中的各簇 $\vec{y}$ 与均值 $\vec{m}_i$ 之间的误差平方(距离平方)和的均值定义为该簇类 $\varGamma_i$ 中的特征矢量的离散度 s_w,即该簇类 $\varGamma_i$ 中的各节点 v_i 与均值特征 $\vec{m}_i$ 之间的距离平方和的平均:$s_w=\dfrac{1}{N_i}\sum_{k=1}^{N_i}(\vec{y}_k^{(i)}-\vec{m}_i)^T$

$(\vec{y}_k^{(i)} - \vec{m}_i)$，式中 $\vec{y}_k^{(i)}$ 为类 Γ_i 中的样本矢量。

定义 2.3: 所有各类簇的总平均向量,用 $\vec{m}$ 表示,则有: $\vec{m} = \sum_{k=1}^{c} p_k \vec{m}_k$。

式中 p_k 是第 k 类的先验概率,在这里 $p_k = N_K/N$, N 为总的样本数, N_K 是第 k 类的样本数, c 为簇的个数。

定义 2.4: 各簇间的平均离散度:

$$s_b = \frac{1}{c} \sum_{i=1}^{c} (\vec{m}_i - \vec{m})^T (\vec{m}_i - \vec{m})$$

定义 2.5: 分类评价指标 J_e 定义为:各簇间的平均离散度与各簇内离散度之和的平均值之比。即 $J_e = s_b \Big/ \sum_{j=1}^{c} p_j s_{wj}$,式中 s_{wj} 是第 j 簇类的簇内离散度; p_j 是 j 簇类的先验概率; c 是簇类别数。

根据以上分析节点聚集模型为: $\mathrm{MAX} J_e$

$$J_e = s_b \Big/ \sum_{j=1}^{c} p_j s_{wj}$$

J_e 越大说明簇间离散度 s_b 越大、簇内离散度越小。各簇内的离散度越小,即各簇内部节点越密集,各簇内的节点相似程度越高。簇间的离散度越大,即各大簇越分散(差别越大),不同簇的相似程度越小。

一个好的聚类结果是 J_e 越大越好,即簇内离散度小、簇间离散度大。

定义了分类评价指标 J_e 后,就可通过下面给出的基于遗传算法的最佳特征组合选择方法从 n 个节点中选择出数量为 $k(n>k)$ 类聚集的一组最优特征。

(3)基于遗传算法的最佳特征组合选择方法

遗传算法(genetic algorithm,GA)来源于达尔文的进化论。它根据适者生存、优胜劣汰等自然进化规则进行搜索计算和问题求解。GA 能解决许多用传统数学方法难以解决或明显失效的复杂问题,特别是优化问题。GA 是一种求全局最优解的方法。

下面给出 GA 从 n 个特征中选择出数量为 k $(n>k)$ 的一组最优特征,使分类评价指标 J_e 达到最大的基本原理和计算步骤。

①编码。用一个 n 位的 0 和 1 构成的基因链码表示一种特征组合,其中数字 1 所对应的特征被选中,而数字 0 所对应的特征未被选中。很明显,对任何一种特征组合,存在唯一的一个基因链码与之对应。对从 n 个节点中选出 k 个聚类而言,每一个基因链码代表一个个体,表示优化问题的一个解。

②产生群体。一个群体就是若干个体的集合。由于每个个体代表问题的一个可能解,所以一个群体就是问题的一些可能解的集合。例如, $G(t) = \{z_1, z_2, \cdots, z_{100}\}$ 就是 100 个可能解(个体)构成的一个群体。随机产生 10 个个体组成一个群

体,该群体代表优化问题的一些可能解的集合。一般来说,它们的素质都很差。GA 的任务就是从这些群体出发,模拟进化过程,择优汰劣,最后得出非常优秀的群体和个体,满足优化的要求。

③评价。按编码规则,将群体 $G(t)$ 中的每一个个体的基因链码所对应的特征组合代入适应度函数 f_i(本章是分类评价指标 J_e)的计算公式,算出其 f_i 值,$i=1,2,3,\cdots,10$(本文取 10 个个体)。f_i 越大,表示该个体有较高的适应度,更适应于 f_i 所定义的生存环境,适应度 f_i 为群体进化时的选择提供了依据。

④选择(复制)。适应度 f_i 最小的个体(特征组合)被淘汰,并按一定概率从群体 $G(t)$ 中选取 m(本章 $m=5$)对个体,作为双亲来繁殖后代,产生新的个体加入下一代群体 $G(t+1)$ 中。个体被选中的概率 $P_m(t,j)$(j 为某个个体)与 F_i 成正比,也就是说,适应生存环境的优良个体将有更多的繁殖后代的机会,从而使优良特性得以遗传。选择是 GA 的关键,它体现了自然界中适者生存的思想。

⑤交叉。对于选中的用于繁殖的每一对个体(本章是特征组合),随机地选取同一整数 l,将双亲的基因链码在此位置相互交换。例如,个体 X,Y 在位置 3(第三位)经交叉产生新个体 X',Y',它们组合了父辈个体 X,Y 的特征,即:

$$\begin{cases} X=X_1X_2X_3X_4X_5 & [10010] \\ Y=Y_1Y_2Y_3Y_4Y_5 & [11100] \end{cases} \Rightarrow \begin{cases} X'=X_1X_2Y_3X_4X_5 & [10110] \\ Y'=Y_1Y_2X_3Y_4Y_5 & [11000] \end{cases}$$

交叉体现了自然界中基因交换的机制。

⑥变异。从群体 $G(t)$ 中随机选取若干个体,对于选中的个体,随机选取一位进行取反运算,即由 1 变为 0 或 0 变为 1。同自然界一样,每一位发生变异的概率是很小的。变异模拟了生物进化过程中的遗传突变现象。

(4)节点聚集算法的收敛性分析

新节点在加入 BQPS 系统时,总是向距离自己更近的某个聚集路标节点靠近,直到找到所属分聚集或者创建新聚集为止,所以该聚集算法总是收敛的。下面将从理论上分析聚集算法的平均查找开销,从而证明该聚集算法是收敛的。

定理 2.1: 设所有聚集的路标节点组成一个无向图 G_s,则节点聚集算法的时间复杂度为 $O(nS)$。

证明: 从数学模型上表示,如果将所有聚集的路标节点组成一个无向图 G_s,假设 G_s 共有 S 个路标节点,每个路标节点的聚集邻居个数为 $m+1$($m>2$),即 G_s 中每个节点的度数为 $m+1$。聚集路标节点间的时间复杂度,实际上就等于 G_s 中参与聚类的节点数与 G_s 中路标节点数的乘积,即节点聚集算法的时间复杂度为 $O(nS)$。

定理 2.2: 设参与聚类的节点的规模为 N,设聚成簇的个数为 S,则通过聚类算法后 $1<S<n\log_2 N$。

证明: 由于参与聚类的节点的规模为 N,所以聚成簇的个数 $S \in (1,N)$,通过算法求解得到，当 $S = n\log_2 N$ 时，$J_e = s_b \left/ \sum\limits_{j=1}^{c} p_j s_{wj} \right.$ 取得最大值，所以通过聚类算法后得

到 $1 < S < n\log_2 N$。

2.4　基于服务质量的对等网络中的对等主干节点选举

对等网络拓扑模型分两层，分别是对等自治层和对等主干核心层。对等主干节点选举问题：在节点聚集成簇形成对等自治层的基础上，在每个聚集内选出 M 个节点分别作为该聚集的对等主干节点和备份对等主干节点。

目前已有算法对对等网络中核心节点的选举进行了一定研究，这些算法具有开销小、可扩展性好等优点；但同时也存在一些问题，大多数算法都没有考虑节点的服务质量异构性，也就是说，无论节点的能力如何，收集到的信息量都一样，这实际上与真实系统的异构性相违背。针对此问题，本章提出了一种基于服务质量的对等网络的对等主干节点选举算法。目标是从普通对等节点中选出具有服务质量保证的节点作为簇的中心和主要服务的提供者，然后这些主干节点相互连接形成主干网络。

2.4.1　基于服务质量的对等主干节点的选举思想

节点服务质量包括很多方面，在对等网络中主要关心节点的上行、下行带宽和在线时长等。节点的带宽越高、在线时长越长，则节点的服务质量越高。其中节点的上行带宽越高，对系统的服务能力及贡献也越大。把拥有足够下行带宽、高上行带宽、在线服务时间长的节点称为对等主干节点。对等主干节点主要用于构建对等主干核心层，选取能为簇内节点提供更好服务质量、保证较高服务质量的节点作为对等主干核心节点，并对选出的核心节点分配更多责任。由于对等网络的高动态性，对等主干节点无法始终保证其有效性，所以可设立相应的备份对等主干节点来保证系统服务的有效性。假设每个对等主干节点失效的平均概率为 p，则 k 个对等主干节点都失效的概率为 p^k，因此至少有一个对等主干节点不失效的概率为 $(1-p^k)$，可以根据不同的情况利用这种方法确定所需的备份对等主干节点的数目。

对等网络拓扑模型分为两层：一层是对等主干核心层，另一层是对等自治层。对等主干核心层的服务网络拓扑结构图为 $G' = (V', E')$，其中 V' 为对等主干核心层的节点，$V' \subseteq V$，E' 为连接对等主干核心层上节点之间的边，拓扑结构的一个框架模型如图 2.3 所示。

这里的服务质量主要考虑节点的在线时间和可用带宽，从而保证每个簇内的

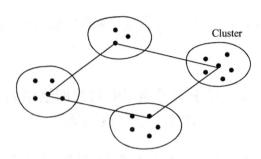

图 2.3 对等主干节点模型

服务都能够达到可用性和稳定性的要求,为保证路由的服务质量提供基础。

根据节点在线时间和可用带宽确定节点的级别 $V_q(i)$,然后再选出 $V_q(i)$ 最大的节点作为对等主干节点。已知节点集合 $\{V_1,V_2,\cdots,V_m\}$,节点集合的在线时间集合为 $\{T_1,T_2,\cdots,T_m\}$,要从中选出一个对等主干节点,可以根据公式对每个簇内节点进行计算节点的级别 $V_q(i)$:

$$V_q(i)=w_1*B_i+w_2*T_i$$

其中 $0\leqslant w_1,w_2\leqslant1,w_1+w_2=1,i=1,2,\cdots,m$。

公式中各参数的含义如下。

① B_i:公式中的 B_i 代表第 i 个节点的带宽,由于在对等网络服务中,带宽才是最主要的能力参数,所以这里可以将带宽作为节点处理能力的指标,$i=1,2,\cdots,m$,m 表示簇内节点的个数。

② T_i:公式中 T_i 表示簇内节点集合的第 i 个节点的在线时间,其中 $i=1$,$2,\cdots,m$。

③ w_1,w_2:公式中的 w_1,w_2 表示计算第 i 个节点的级别 $V_q(i)$ 时,节点的带宽和在线时间的权重。由于带宽是反映节点能力级别的重要参数,所以 w_1 取值比 w_2 取值要大些,两者之和总为 1。

通过该公式的计算可以选取 $V_q(i)$ 最大的值作为这个簇的对等主干节点。具体的对等主干节点动态选举算法将在本章后续内容详细讲解。

2.4.2　对等主干节点动态选举算法

本节采用基于 k 均值聚类(k-means clustering,k-means)算法[21]实现对等网络对等主干节点的选举。k-means 算法具有聚类快、易于实现的优点,具有较好的可伸缩性和很高的效率。当结果簇密集且各簇之间的区别明显时,用 k-means 算法的效果较好。而且在该算法中,簇中心的选择是动态的、变化的,使得聚类结果会随着网络节点的动态变化而变化,因此,该算法适合动态性较强的对等网络对等主干节点的选举,从而加速和优化聚类中心的选举。下面将阐述其具体的实现方法。

（1）对等主干节点动态选举思想

k-means 算法的基本思想是通过迭代把数据对象划分到不同的簇中，使簇内部的对象之间的相似度尽可能大，而簇之间的对象的相似度尽可能小。该算法的具体过程可以描述如下。

①随机选取 k 个对象作为初始的聚类中心，这里可以取分簇时最初选取的路标节点作为初始的聚类中心。

②根据聚类中心值，将每个新加入的对象重新分配到与其最相似的簇。

③重新计算每个簇中对象的平均值，用此平均值作为新的聚类中心。

④重复步骤②③，直到聚类的中心不再发生变化为止。

（2）基于 k-means 的对等网络对等主干节点的选举过程

①初始分类。针对前面分成 k 簇的 N 个节点，计算出每个聚类的均值 $m_i(i = 1,2,\cdots,k)$。

$$m_i = \frac{1}{N_i} \sum_{y \in \omega_i} y$$

$$J_e = \sum_{i=1}^{k} \sum_{y \in \omega_i} \|y - m_i\|^2$$

式中，N_i 表示第 i 个聚类 ω_i 中的样本数目；

m_i 表示样本均值；

J_e 表示样本集 y 和类别集 Ω 的误差平方和准则函数。

这一步主要完成初始主干节点的选取，初始主干节点的选取通过计算各聚类中心 m_i 来获得。

下面要做的是修改中心，以便进行下一次迭代。

②选择一个备选样本 y，设 y 现在在 ω_i 中。

③ 若 $N_i = 1$，说明 ω_i 不存在，则转到步骤②，否则继续。

④把 y 从 ω_i 中放入 ω_j 中，按公式计算误差平方和的改变量。

$$\Delta J_i = J_i - J'_i = \frac{N_i}{N_i^{-1}} \|y - m_i\|^2$$

$$\Delta J_k = J'_k - J_k = \frac{N_k}{N_k + 1} \|y - m_k\|^2$$

如果 $\Delta J_i > \Delta J_k$ 成立，则允许移动，否则不允许。

⑤对于所有的 j，若 $\Delta J_k = \text{Min}\{\Delta J_i\}$，则把 y 从 ω_i 移到 ω_k 中去。

⑥重新计算 m_i 和 m_k 的值，并修改 J_e。

⑦ 若连续迭代 N 次后 J_e 不再改变，则迭代停止，否则转到步骤②。

（3）基于 k-means 的对等网络对等主干节点的选举算法的有效性分析

定理 2.3：基于 k-means 的对等网络对等主干节点的选举算法是局部收敛的，并且其收敛速度是线性的。

证明：本节提出的基于 k-means 的对等网络对等主干节点的选举算法预先设定 N 个点所属的类，在执行过程中，其他点在每次循环时，分配到与其最近的类，再重新计算中心。

定理 2.4：基于 k-means 的对等网络对等主干节点的选举算法的时间复杂度为 $O(nkl)$，其中 n 为节点数，k 是分簇数，l 为迭代次数。

证明：根据上述算法描述，很容易得到该算法的时间复杂度为 $O(nkl)$。

2.5　对等主干核心层虚拟链路的选取问题

2.5.1　对等主干核心层的服务质量分析

对等主干核心层拓扑结构模型构建包括对等主干核心节点的选举和核心节点之间虚拟链路的选取，由于对等主干核心节点的选举已完成，接下来就是对等网络中对等主干核心层的虚拟链路的选取。

在进行对等主干核心层虚拟链路选取时，由于虚拟链路所连接的是端用户，而端用户的不稳定性必然对虚拟链路的连通性产生影响。因此，在进行虚拟链路的选取时首先要考虑链路的生存能力；另一方面，每条虚拟链路都有路由代价，因此，在进行虚拟链路的选取时还要考虑对等主干核心层的路由代价问题。所以，核心层上虚拟链路的选取设计的关键在于提高对等主干核心层的生存能力，并且使对等主干核心层的路由代价最低。本节提出的对等网络主干核心层的虚拟链路选择的服务质量因素主要包括以下参数：虚拟链路的生存能力、路由代价、连通性和延迟。

2.5.2　对等主干核心层虚拟链路选取模型定义

由于在进行虚拟链路选取时需要考虑对等主干核心层的生存能力和连通性，为了给出该模型的形式化描述，首先给出下列分析。

①要保证对等主干核心层的连通性，即对等主干核心层中任意两个节点 i 和节点 j 之间都是可达的，节点间的连通性不为 0，即

$$\gamma_{ij}>0$$

②对等主干核心层的虚拟链路的生存能力可定义为有效传输的比值。假定给定的节点 i 和节点 j 之间存在多条路径，所有这些路径构成一个集合 $\phi(i,j)=\{P_k \mid P_k$ 是节点 i 和 j 之间的第 k 条路径，$k=1,2,3,\cdots,K\}$，其中元素 P_k 是节点 i

和节点 j 之间的第 k 条路径,第 k 条路径的生存概率用 $t(P_k)$ 表示[22]。网络中传递的信息量用节点间传送的分组集合 $\{d_{ij}\}$ 表示。其中 $d_{ij}^{P_k}$ 表示通过第 k 条路径,在 i 及 j 节点之间传送的分组。则对等主干核心层的虚拟链路节点 i 和节点 j 之间的生存能力 R_{ij} 可描述为

$$R_{ij} = \max_{P_k \in \phi(i,j)} \{d_{ij}^{P_k} t(P_k)\}$$

③在对等网络主干核心层服务模型中,C_{ij} 为对等主干核心层中虚拟链路节点 i 和节点 j 之间费用代价,C_{ij} 可描述为

$$C_{ij} = \min_{P_k \in \phi(i,j)} \{C(P_k)\}$$

$$C(P_k) = \sum_{P_{k,l} \in \psi(k)} C(P_{k,l})$$

$\psi(k) = \{P_{k,l} | P_{k,l}$ 是节点 i 和 j 之间第 k 条路径的第 l 段链路,$l = 1, 2, 3, \cdots, L\}$
$C(P_{k,l})$ 是节点 i 和 j 之间第 k 条路径的第 l 段链路的费用代价。

④在对等网络主干核心层服务模型中,D_{ij} 为对等主干核心层中虚拟链路节点 i 和节点 j 之间的时延代价,可定义为

$$D_{ij} = \min_{P_k \in \phi(i,j)} \{D(P_k)\}$$

$$D(P_k) = \sum_{P_{k,l} \in \psi(k)} D(P_{k,l})$$

式中,$\psi(k) = \{P_{k,l} | P_{k,l}$ 是节点 i 和 j 之间第 k 条路径的第 l 段链路,$l = 1, 2, 3, \cdots, L\}$;
$D(P_{k,l})$ 是节点 i 和 j 之间第 k 条路径第 l 段链路的时延代价。

设对等网络主干核心层服务模型为 $G = (V', E', R)$,其中 V' 为已选出的主干核心节点的集合;E' 为覆盖网中虚拟链路的集合;$R = \{R_{ij} | R_{ij} = \max_{P_k \in \phi(i,j)} \{d_{ij}^{P_k} t(P_k)\}, i \in V', j \in V'\}$,$R$ 为对等主干核心层的虚拟链路的生存能力,其中元素 R_{ij} 为 E' 的优化链路。C 为对等主干核心层的虚拟链路的费用代价,$C = \{C_{ij} | C_{ij} = \min_{P_k \in \phi(i,j)} \{C(P_k)\}, i \in V', j \in V'\}$;$D$ 为对等主干核心层中虚拟链路的时延代价,$D = \{D_{ij} | D_{ij} = \min_{P_k \in \phi(i,j)} \{D(P_k)\}, i \in V', j \in V'\}$。在虚拟链路的选取中,假设虚拟链路的费用代价最大不超过 $C_{\max}$,根据以上的分析可得到对等主干核心层虚拟链路选取问题(PSNLS)的模型,可描述为

$$R_{ij} = \max_{P_k \in \phi(i,j)} \{d_{ij}^{P_k} t(P_k)\}, i \in V', j \in V'$$

$$\min_{P_k \in \phi(i,j)} \{D(P_k)\}$$

$$s.t. \begin{cases} \gamma_{ij} > 0 \\ C(P_k) \leq C_{\max} \end{cases}$$

其中,PSNLS 问题的目标函数以对等主干核心层的虚拟链路节点 i 和节点 j 之

间的生存能力最大为第一目标,以对等主干核心层的虚拟链路节点 i 和节点 j 之间的时延代价最小为第二目标。约束 $\gamma_{ij}>0$ 保证了整个对等主干核心层的连通性得到一定的保证;约束 $C(P_k) \leq C_{max}$ 限制了对等主干核心层的虚拟链路的费用的代价。

PSNLS 问题需要优化多个目标函数,属于多目标规划问题。首先简要介绍多目标规划的求解过程,设多目标优化模型如下(以三个优化目标、一个等式约束和一个不等式约束为例):

$$\max f_1$$
$$\min f_2$$
$$\min f_3$$
$$s.t. \begin{cases} f(e) \\ h < \tau \end{cases}$$

多目标规划的求解方法之一是乘除法,当有 3 个目标函数时,设这 3 个目标函数都是正数($f_1>0, f_2>0, f_3>0$),其中 f_1 要求实现最大化,f_2 和 f_3 要求实现最小化,这种条件下可采用评价函数法将多目标规划化为单目标规划,其中评价函数为

$$U(x) = \frac{f_1}{f_2 * f_3} \to max$$

用以上讨论的求解多目标规划问题的方法,可以将多目标规划问题 PSNLS 化为单目标规划模型,描述如下。

$$\max_{P_k \in \phi(i,j)} \left\{ \frac{d_{ij}^{P_k} * t(P_k)}{D(P_k)} \right\}, i \in V', j \in V'$$
$$s.t. \begin{cases} \gamma_{ij}>0 \\ C(P_k) \leq C_{max} \end{cases}$$

通过求解上式,根据对等主干核心层上虚拟链路的生存能力与对等主干核心服务网络代价进行虚拟链路的选取,一方面能使虚拟链路的延迟最小,另一方面可以使对等主干核心层虚拟链路的生存能力最大,从而减少节点维护的对等主干核心层状态信息,利于对等主干核心层的稳定性。基于上述讨论,通常采用基于模拟退火的蚁群算法来解决 PSNLS 模型问题。

2.5.3　求解 PSNLS 问题的算法

PSNLS 问题是典型的组合优化问题,属于 NPC 问题,当对等主干核心层规模较大时,算法的时间复杂度很高,用一般的方法无法解决这个问题,因此,在这种情况下可以考虑运用蚁群算法来求解。

(1)蚁群算法基本原理

蚁群算法是一种启发式算法,具有分布式计算特性以及很强的鲁棒性。蚂蚁

在觅食过程中会在路径上释放一种特殊的信息素,后面的蚂蚁根据遗留的信息素选择下一步要走的路径。路径上的信息素浓度越高,蚂蚁选择该路径的概率就越大,从而形成学习信息的正反馈过程。蚁群算法正是基于对蚁群行为的研究提出的一种启发式算法[23-24]。

蚁群算法可以应用在对等主干核心层虚拟链路的选取方面。此时,在蚁群算法中,每只蚂蚁从对等主干核心层中的一个节点出发,根据状态转移规则选择下一跳节点,直到此蚂蚁走完所有节点。蚂蚁所走的路径是根据路径上信息素的浓度来选取的。

当 m 只蚂蚁成功地完成一次寻径行为后,选择目标函数值最大的链路,来进行全局信息素更新。若 i、j 是两个相邻的节点,其中 $\tau_{ij}(t)$ 为时间 t 时蚂蚁留在路径 (i,j) 上的信息量,每只蚂蚁在时间 t 时开始一次新的循环,每次循环蚂蚁为所有目标节点都选择一次路由。一次循环结束时间更新为 $t+n$,蚂蚁会根据下式更新路由路径 (i,j) 上的信息量。

$$\tau_{ij}(t+n) \leftarrow (1-\rho)\tau_{ij}(t) + \rho \times \Delta\tau_{ij}(t)$$

式中,$0<\rho<1$,为常数,$1-\rho$ 为 $\tau_{ij}(t)$ 在时间 t 和 $t+n$ 之间的挥发程度。

$$\Delta\tau_{ij}(t) = \sum_{k=1}^{m} \Delta\tau_{ij}^{k}(t)$$

m 为蚂蚁总数;$\Delta\tau_{ij}^{k}(t)$ 为在 t 和 $t+n$ 之间,由第 k 只蚂蚁引起的路由路径 (i,j) 上信息量的变化。

$$\Delta\tau_{ij}^{k}(t) = \begin{cases} Q/L_k & \text{第 } k \text{ 只蚂蚁选择路由路径}(i,j) \\ 0 & \text{其他} \end{cases}$$

其中,Q 为常数,L_k 为蚂蚁 k 求得的对等主干核心层路由代价总和。蚂蚁 k 以概率 $P_{ij}^{k}(t)$ 选择路由路径 (i,j) 作为本次循环路径。

$$P_{ij}^{k}(t) = \frac{\left(\tau_{ij}(t)\right)^{\alpha}(\eta_{ij})^{\beta}}{\sum_{j' \in neighbor(i)} \left(\tau_{ij'}(t)\right)^{\alpha}(\eta_{ij'}')^{\beta}}$$

其中,η_{ij} 为启发式信息,$\eta_{ij} = \dfrac{d_{ij}^{P_k} * t(P_k)}{D(P_k)}$,$\alpha$、$\beta$ 为常数,分别表示 $\tau_{ij}(t)$ 和 η_{ij} 的重要程度。这样每只蚂蚁为所有的目标节点都选择了一个路由路径,将所有目标节点的路由路径进行综合,然后去掉重合的边,就得到从一个节点出发到所有其他节点的对等主干核心层。

(2)求解 PSNLS 问题的算法——基于模拟退火的蚁群算法 SANT

为了提高蚁群算法的全局搜索能力和搜索速度,可以对传统蚁群算法进行如下改进。

①保留最优解。在每次循环结束后,求出最优解,将其保留。

②在算法运行的初始阶段，每个路由路径上的信息量相差不大，通过信息的正反馈，较好解的信息量增大，从而逐渐收敛。当问题规模比较大时，此过程需要较长的时间。为提高算法的收敛速度，引入模拟退火算法[25-26]。在每次循环结束时，从蚁群算法[27]搜索过程中得到的中间解将作为模拟退火算法的初始解。在模拟退火过程中，解的接受概率将服从 Boltzmann 概率分布。

算法的具体步骤描述如下：

Algorithm 2.3 SANT

Begin

Initialization the network parameter

$$t=0,\tau_{ij}(t)=0,\Delta\tau_{ij}(t)=0,\eta_{ij}=\frac{d_{ij}^{P_k}*t(P_k)}{D(P_k)};$$

While (not termination condition)

   {For (k=1;k≤m-1;k++)

      {Locate m ants in the node r, which is selected randomly.}

     For (i=1;k<n;i++)

      { For (k=1;k≤m-1;k++)

       { The ant ak selects routing path for node i with a probability p_{ij}^k}}

     For(k=1;k≤m;k++)

     {

       If the result meet request,

        then Compute the best result and give it the m ant.

       Else CALL SA()

  Compute the network dependability γ_0.

  If the $\gamma_{ij}>\gamma_0$

    {Compute the network topology aANTin.}

  Put out the optimization result.

  End   }

AlgorithmSA()

$$f(x)=\min_{P_k\in\phi(i,j)}\left\{\frac{d_{ij}^{P_k}*t(P_k)}{D(P_k)}\right\},T=ST_{max},x=x_t,x_t \text{ is the first result}$$

in the FpstackvS

  FOR (T=ST_{max};T<ST_0;T--)

```
{ComputerU(x_t), x'=U(x_t);
    IF Δf=f(x')-f(x)<0, x=x'
```

$$\text{Else } \exp\left(-\frac{E(x_t)-E(x)}{t}\right) > \text{random}(0,1)，则令 x=x_t;$$

```
Put out the optimization result.}
    Return();
END
```

SANT 算法计算出每个节点到其他节点的最大生存能力路径,并确保对等主干核心层的连通性满足约束条件。最后合并所有对等主干核心层的拓扑结构,删除重复路径,从而构成最终的对等主干核心层。此对等主干核心层在满足可靠性约束条件的基础上,减少了对等主干核心层的虚拟链路数量,从而为对等主干核心层提供更好的服务性能。

（3）SANT 算法实验分析

为了验证本节提出的 SANT 算法的性能,同时对蚁群算法(ANT)和该算法进行仿真模拟,通过与蚁群算法进行比较来证明 SANT 算法的正确性和更好的收敛性。仿真网络采用基于 Waxman 模型的拓扑生成算法。$\alpha=0.15, \beta=0.2$；其中对等网络的节点占全部网络节点数的 20%,均匀分布在网络中;每个节点所连接的端用户的权值 $w(i)$ 在区间 $[0,5]$ 上均匀分布。网络节点的数目从 10 逐渐增加到 50,在不同度约束条件下进行比较实验,仿真结果如图 2.4 和图 2.5 所示。

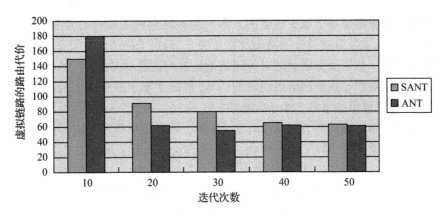

图 2.4　两种算法的收敛速度比较

图 2.4 是网络节点数为 30 时,SANT 和 ANT 算法求得对等主干核心网在满足约束条件的路由代价时的迭代次数。从图中可以看出,在相同网络规模条件下,

SANT 算法具有更快的收敛速度,比 ANT 算法具有更好的性能。图 2.5 为两种算法在不同网络规模条件下的收敛速度。从图中可以看出,随着网络节点的增多,SANT 算法具有更快的收敛速度,这是因为随着网络规模的增加,算法的可行解空间增多,如果进化算法不能有效地缩小解空间,必然不能提高算法的收敛速度。而 SANT 算法利用模拟退火的思想保证可行解的收敛,最终加快迭代计算找到最优解(或近似最优解)的速度。

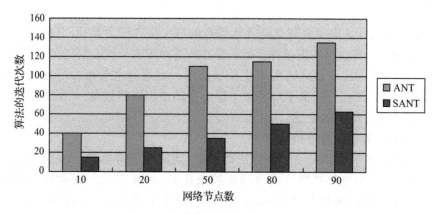

图 2.5　网络节点变化时的迭代次数

2.6　本章小结

　　本章首先提出了基于服务质量的对等网络概念和体系结构的雏形,给出了其逻辑框架,定义了各组成部分的功能及相互关系,确定了在这个框架下需研究的若干关键性问题。基于服务质量的对等网络的拓扑构造是 BQPS 研究的关键性问题之一。本章针对对等服务网节点组成的特点,提出了基于服务质量的分层服务网构造模型,并对该模型下的三个子问题进行了研究。对于节点的聚集问题,本章提出了一种基于路标的动态节点聚集算法,该算法可以使对等网络对等主干核心层的逻辑拓扑尽量反映实际的物理拓扑,并且从理论上证明了该算法总是收敛的;对于对等主干节点的选举问题,本章提出了一种基于 k-means 的对等网络对等主干节点的选举算法;对于对等主干核心层虚拟链路的选取问题,本章提出了一种基于模拟退火的蚁群算法,实验结果表明该算法能够在合理的时间内找到可行解,能够适应 BQPS 的动态环境。

第3章 对等网络服务的路由模型

本章首先论述了互联网的路由算法，然后讨论了基于对等网络服务的路由，建立了基于分簇的面向对等网络服务的路由模型，并且详细论述了面向对等网络服务的路由模型的层次结构和服务路由信息的交互过程。然后将服务质量引入对等网络服务路由中，分别研究了面向对等网络服务的簇内服务质量路由模型和簇间服务质量路由模型。

3.1 互联网的路由算法

3.1.1 路由算法的设计原则

路由算法通常具有下列一个或多个设计目标：最优化、简洁性、坚固性、快速收敛、灵活性。

①最优化。指路由算法选择最佳路径的能力。根据度量（metric）的值和权重来计算。

②简洁性。算法设计必须简洁。路由协议在网络中必须高效地实现其功能，尽量减少软件的开销。这在实现路由算法的软件必须运行在物理资源有限的计算机上时尤其重要。

③坚固性。路由算法处于异常或不可预料的环境时，如硬件故障、负载过高或操作失误的情况下，都能正确运行。由于路由器分布在网络联接点上，所以当它们发生故障时会产生严重后果。最好的路由算法通常能经受时间的考验，并在各种网络环境下被证实是可靠的。

④快速收敛。收敛是所有路由器在最佳路径的判断上达成一致的过程。当某个网络事件引起路由可用或不可用时，路由器就会发出更新信息。路由更新信息遍及整个网络，引发重新计算最佳路径，最终达成所有路由器公认的最佳路径。收敛速度慢的路由算法会造成路由环路或网络中断。

⑤灵活性。路由算法要能够快速、准确地适应各种网络环境。例如，某个网段发生故障，路由算法要能很快发现故障，并为使用该网段的所有路由选择另一条最

佳路径。

3.1.2 路由算法的分类

1. 静态路由与动态路由

使用静态路由的算法较容易设计,其在网络通信可预测及简单的网络中工作得很好。由于静态路由系统不能对网络改变做出反应,通常被认为不适用于大型、易变的网络。20 世纪 90 年代主要的路由算法都是动态路由算法,其通过分析收到的路由更新信息来适应网络环境的改变。如果信息表明网络发生了变化,路由软件将重新计算路由并发出新的路由更新信息。这些信息扩散到网络,促使路由器重新计算并对路由表做出相应的改变。动态路由算法可以在适当的地方以静态路由作为补充。

2. 单路径与多路径

单路径算法只允许数据在一条路径上复用,而多路径算法则允许数据在多条路径上复用,提供更好的吞吐量和可靠性。一些复杂的路由协议支持到同一目的地的多条路径。多路径算法的优点很明显:它可以提供更好的吞吐量和可靠性。

3. 平面与分层

有些路由协议在平面空间里运作,有的则需要路由分层。在平面路由系统中,每个路由器与其他路由器是对等的。在分层路由系统中,一些路由器构成了路由主干,数据从非主干路由器流向主干路由器,然后在主干上传输,直到到达目标所在区域。在这里,它们从最后的主干路由器通过一个或多个非主干路由器到达终点。路由系统通常设计有逻辑节点组,称为自治系统。

分层路由的主要优点是它模拟了多数公司的结构,从而能很好地支持其通信。大多数的网络通信发生在小组中。因为域内路由器只需要知道本域内的其他路由器,它们的路由算法可以简化。根据所使用的路由算法,路由更新的通信量可以相应减少。

4. 主机与路由器

有些路由算法假定源节点来决定整个路径,这通常称为源路由。在源路由系统中,路由器只作为存储转发设备,无条件地把分组转发到下一跳。其他路由算法假定主机对路径一无所知,在这些算法中,路由器基于自己的计算决定通过网络的路径。

主机智能和路由器智能的折中实际上是最佳路由与额外开销的平衡。主机智能系统通常能选择更佳的路径,因为它们在发送数据前探索了所有可能的路径,然后基于特定系统对"优化"的定义选择最佳路径。然而,确定所有路径通常需要很多的探索通信量和很长的时间。

5. 域内与域间

有的路由算法只在域内工作,有的则在域间工作。这两种算法的本质是不同的。它们遵循不同的优化规则。

3.1.3　度量标准

路由算法使用了多种不同的度量标准来决定最佳路径。复杂的路由算法可能采用多种度量来选择路由,通过一定的加权运算,将它们合并为单个的复合度量,再填入路由表中,作为路径选择的标准。通常使用的度量有:路径长度、可靠性、时延、带宽、负载、通信成本等。

1. 路径长度

路径长度是最常用的路由属性。一些路由协议允许网络管理员给每个网络链路人工赋予代价,这种情况下,路径长度是所经过的各个链路的代价总和。其他路由协议定义了跳数,即分组从源到目的地途中必须经过的网络设备(如路由器)的个数。

2. 可靠性

可靠性,在路由算法中指网络链接的可靠性。有些网络链接可能稳定性很差,网络失效后,一些网络链接可能比其他更易或更快修复。任何可靠性因素都可以在给可靠性赋值时计算在内,通常由网管给网络链接赋予属性值。

3. 路由延迟

路由延迟是指分组从源通过网络到达目的地所花的时间。很多因素影响延迟,包括中间的网络链路的带宽、经过的每个路由器的端口队列、所有中间网络链路的拥塞程度以及物理距离等。因为延迟是多个重要变量的综合体,所以它是一个常用且有效的属性。

4. 带宽

带宽是指链路可用的传输容量。在其他所有条件都相等的情况下,10 Mbps 的以太网链路比 64 kbps 的专线更可取。虽然带宽是链路可获得的最大吞吐量,但是用具有较大带宽的链路做路由不一定比较慢链路的路由更好。例如,如果一条快速链路很忙,分组到达目的地所花的时间可能会更长。

5. 负载

负载指网络资源(如路由器)的繁忙程度。负载可以从多方面计算,包括 CPU 使用情况和每秒处理的分组数。持续监测这些参数也是很耗费资源的。

6. 通信代价

通信代价是另一种重要的属性,尤其是一些公司可能关心运营费用胜于关心性能。即使线路延迟可能较长,这些公司也宁愿通过自己的线路发送数据而不采用昂贵的公共线路。

3.1.4 互联网的路由协议

路由协议通过在路由器之间共享路由信息来支持可路由协议。路由信息在相邻路由器之间传递,确保所有路由器都知道到其他路由器的路径。路由协议帮助路由器创建路由表,描述了网络拓扑结构。路由协议与路由器协同工作,执行路由选择和数据包转发工作。图 3.1 为互联网路由协议。

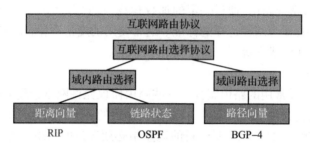

图 3.1 互联网路由协议

按应用范围的不同,路由协议可分为两类:在一个自治系统内,网络有权自主决定在本系统中采用何种路由协议,此协议称为内部网关协议;自治系统之间的路由协议称为外部网关协议。使用的内部网关路由协议如下:RIP-1、RIP-2、IGRP、EIGRP、IS-IS 和 OSPF。其中前 3 种路由协议采用的是距离矢量算法,IS-IS 和 OSPF 采用的是链路状态算法,EIGRP 是结合了链路状态和距离矢量型路由选择协议的 Cisco 私有路由协议。外部网关协议最初采用的是 EGP。后来 IETF 的边界网关协议工作组制定了标准的边界网关协议 BGP。

1. 内部网关协议 RIP

路由信息协议(routing information protocol,RIP)是互联网的标准协议,很早就被用在互联网上,是最简单的路由协议。RIP 是一种分布式的、基于距离向量的路由选择协议。RIP 主要传递路由信息,通过每隔 30 秒广播一次路由表,维护相邻路由器的位置关系,同时根据收到的路由表信息计算自己的路由表信息。RIP 是一个距离矢量路由协议,最大跳数为 15 跳,超过 15 跳的网络则认为目标网络不可达。此协议通常用在网络架构较为简单的小型网络环境中。分为 RIPv1 和 RIPv2 两个版本,后者支持 VLSM 技术以及一系列技术的改进。RIP 的收敛速度较慢。

2. 内部网关协议 OSPF

开放最短路径优先(open shortest path first,OSPF)协议属于链路状态路由协议。OSPF 是为克服 RIP 的缺点在 1989 年开发出来的。其原理很简单,但实现起来很复杂。OSPF 使用了 Dijkstra 提出的最短路径算法(SPF 算法),采用了分布式链路状态协议。现在使用 OSPFv2。OSPF 提出了区域的概念,每个区域中的所有路由器维护着一个相同的链路状态数据库。区域又分为骨干区域和非骨干区域,如果一个运行 OSPF 的网络只存在单一区域,则该区域可以是骨干区域或者非骨干区域。如果该网络存在多个区域,那么必须存在骨干区域,并且所有非骨干区域必须和骨干区域直接相连。OSPF 利用所维护的链路状态数据库,通过最短路径优先算法计算得到路由表。OSPF 的收敛速度较快。由于其特有的开放性以及良好的可扩展性,OSPF 协议在各种网络中广泛部署。

3. 外部网关协议 BGP

BGP(border gateway protocol)是不同自治系统的路由器之间交换路由信息的协议。BGP 的当前版本是 2006 年 1 月发表的 BGP-4,即 RFC 4271-4278。为了维护各个 ISP 的独立利益,标准化组织制定了 ISP 间的路由协议 BGP。BGP 处理各 ISP 之间的路由传递。但是 BGP 处于网络的核心地位,需要用户对网络结构有相当的了解,否则可能会造成较大损失。

3.2　对等网络服务的路由算法设计

本章在研究互联网路由协议的基础上,针对对等网络的特点,提出了基于服务质量的对等网络服务路由结构。基于服务质量的对等网络路由模型由簇内路由和簇间路由两部分组成。因此,在研究对等网络服务路由问题时也从这两方面着手,分别研究了簇内和簇间的单播和组播服务路由问题。首先研究了簇内单播服务质量路由算法和组播服务质量路由算法,然后研究了簇间单播服务质量路由算法和组播服务质量路由算法。

3.2.1　基于分簇的面向对等网络服务的路由模型

1. 目前对等网络路由的研究现状

对等网络路由研究是对等网络的重要内容。目前,对等网络路由主要分为非结构化和结构化两类。非结构化对等网络是没有固定逻辑拓扑的对等网络。节点逻辑 ID 与其逻辑位置没有固定约束关系,节点之间逻辑连接保持一定程度的随机性,内容与其逻辑存储位置无固定约束关系。节点以随机的方式加入网络,可以选择任意节点作为自己的逻辑邻居,内容也可存储在任意节点。节点的加入和退出一般只影响其直接邻居,消息开销较小。典型的非结构对等网络路由包括 Gnutella、Freenet、APPN、NeuroGrid[28]等。非结构对等网络路由已经得到广泛应用,但面临可扩展性受限制、路由效率低、服务质量没有保证等问题。结构化对等网络路由是指节点依照分布式哈希表技术(distributed hash table,DHT)构造的,遵循规则逻辑拓扑的对等网络,也常称为 DHT 网络。结构化对等网络中每个节点有唯一的标识符,资源标识符与节点标识符属于同一命名空间,在命名空间中是相对均匀分布的。节点的逻辑标识符与其在逻辑空间中的位置存在预定的映射关系,资源标识符与其逻辑存储位置也存在预定的映射关系。根据消息目的地的标识符,节点能够将消息路由到与消息标识符最为接近的节点。结构化对等网络能为内容定位提供高效支持,多数情况下能在 $O(\log N)$ 跳内完成内容定位。节点和内容动态变化时需要修改部分节点的状态,存在路由维护开销。典型的结构化对等网络包括 Chord[29]、CAN[30]、Pastry[31]、Tapestry[32] 等。

与非结构化路由机制相比,结构化 DHT 路由机制具有以下优势。

①路由不需要依赖泛洪机制,因此产生的网络流量较小,大部分基于 DHT 的搜索机制中,每个查询仅需要 $O(\log N)$ 个消息和跳步数。

②每个查找请求都能以很高的概率解析,并且所需要的资源消耗是可预测的,而在非结构化搜索中,如果所请求的服务超越了查找所能覆盖的范围,则查询失败,即使查找成功,其资源消耗也不可预测。

③路由搜索结果是确定的。一方面,在覆盖网络中,结构化拓扑只要数据存在,就能以较高的概率查找到,而非结构化拓扑由于受 TTL 机制的限制,查找请求容易在达到跳数上限后失败;另一方面,查找结果也有确定性,而在非结构化系统中,不同的节点提交同样的搜索请求时,很可能获得不同的结果。

2. 基于分簇的面向对等网络的服务路由思想

DHT 算法构造的对等网络具有以分布式方式在确定步长范围内完成定位的优势,因而成为近年来的研究热点。在上述经典对等网络路由模型中,所有节点都处于对等地位,忽略了节点的不同处理能力,不能够提供有质量保证的服务。目前的一些关键领域和业务应用(例如视频点播、流媒体)对对等网络提出了严格的服务质量要求[33-34],缺乏服务质量保证已成为制约对等网络应用的因素,因此需要建立良好的对等网络路由模型。尽管基于 DHT 的定位算法具有良好的应用前景,但是面对网络上涌现的对等网络的各种新的应用和服务,基于 DHT 算法的对等网络在大规模应用之前需要在以下方面得到提高。

①解决路由绕路问题引起的访问效率低下问题,并提高逻辑网络与物理网络的匹配程度。

②区分节点的能力。对等网络服务中的节点在计算能力、网络带宽、稳定性等服务质量方面有相当的差别,区分节点的服务质量属性能有效提高服务网络的服务质量。

③系统的可扩展性和动态环境下的自适应能力。

④对等网络的可管理性。对等网络面临复杂的环境,当前对等网络的可管理性较差,不能很好地适应跨管理域的对等网络服务的应用。

针对基于 DHT 算法的对等网络存在的上述问题,在本章提出的基于服务质量的对等网络拓扑结构基础上,将服务质量引入对等网络路由模型中,建立基于服务质量的对等网络路由模型。由于对等网络的拓扑结构由对等自治层和主干对等层构成,则基于服务质量的对等网络路由模型由簇内路由和簇间路由两部分共同构成。

基于分簇的面向对等网络服务路由与普通的对等网络路由并不相同,其特点主要表现在以下几个方面。

①基于分簇的面向对等网络服务路由是内容定位的路由,如何在用户广泛分布、数量巨大、节点行为不可控、计算能力和网络连接不均匀的复杂环境下实现高效的内容服务具有重大的研究意义,同时也是具有挑战性的研究课题。本章的研究聚焦于对等网络中的内容服务,分析了对等网络中内容服务的特点,围绕如何在对等网络中提供灵活、高效、可扩展的内容服务,研究了对等网络中的内容服务的路由模型和内容服务的搜索技术。

②对等网络服务路由与传统意义上的数据路由有着本质的区别。这种区别体现在以下两个方面:对等网络服务路由不仅需要考虑网络中节点主机彼此的连通性,而且需要考虑组成新服务的基本服务集之间彼此的依赖关系;在服务路由中,由于不同基本服务对资源的要求不同,所以在组成新服务的传输路径中各段对资源的要求也是异质的,而在数据路由中,通过同一条传输路径的业务对资源的要求是保持不变的。

③目前几乎所有路由机制都是直接在全局范围内查找的平面路由机制,并不支持先在小范围内查找而后在全局范围内查找的两级查询。而且,各种基于对等网络的路由技术,也并没有考虑下层网络的实际拓扑结构,在对等网络中邻近的两个节点,其实际距离却可能很远,从而必须经过很长的路径才能取得数据,严重降低了系统的效率。

综上所述,目前的对等网络路由机制并不能满足对等网络服务的要求,因此,本章将提出一种适合对等网络的基于分簇的对等网络路由机制。该路由机制采用与双环路由模型相结合的方法,建立基于分簇的对等网络服务路由机制,从而提高了网络的容错性和可靠性,并且大大提高了对等网络服务路由的性能。

3. 基于分簇的面向对等网络服务路由模型(cluster P2P service routing model, CPSRM)

基于分簇的面向对等网络服务路由的主要功能是实现在簇内和在簇间范围内查找定位客户所请求服务的两级路由功能。与所有基于 DHT 的结构化对等网络一样,对等主干核心层中的每个节点都被分配了一个全局唯一的二进制 ID(即节点的名字),对网络中服务生成一个长度与节点 ID 相同的二进制 Key。服务的索引信息记作 Value,与 Key 组成⟨Key, Value⟩对。系统通过对⟨Key, Value⟩对的放置与查询实现对等网络主干核心的路由功能。在双环的路由模型中,称对等主干核心节点组成的环为主环,各个簇组成的环称为子环。

该路由机制的建立需要解决如下问题。①基于分簇的面向对等网络服务的路由节点的命名方法。②基于分簇的面向对等网络服务的路由组织思想。③基于分簇的面向对等网络服务的路由算法。

（1）CPSRM 的模型

本章的对等网络服务路由采用的是分簇模型,如图 3.2 所示。在簇之间采用某个哈希函数为各簇的主干核心节点分配逻辑地址,主干核心节点间的逻辑拓扑按照改进的 chord 路由模型的节点加入算法组成一个环形的路由结构,这里称其为对等主干核心路由结构,簇内节点间的逻辑拓扑按照改进的 Chord 算法将不同的簇节点组成一个环形的结构。整个对等网络服务路由采用的是双环路由结构。

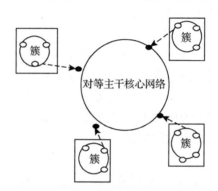

图 3.2　对等网络服务网络分簇的路由模型

CPSRM 模型的优点如下。

①CPSRM 模型有利于简化系统的拓扑结构,改善系统的性能。实际上,大部分对等网络系统在节点加入时,需要更新多个节点的路由表,这些节点都需要发出更新报文以保证原有邻居节点路由表的正确性。CPSRM 模型的邻居节点可以减少更新报文的数量,从而减少每个节点的连接消耗。

②CPSRM 模型有利于减少系统中的控制信息。为了保证邻居节点不会突然消失,对等网络系统中的每个节点必须通过心跳机制来检查邻居节点的存在性,这使得网络上存在大量的对等网络控制报文。因此,CPSRM 模型可以减轻网络的负载。

③CPSRM 模型有利于减小节点退出系统时的影响范围:节点频繁地加入或退出系统是对等网络的一个显著特点,也是影响对等网络系统稳定性的一个重要因素。因此,当一个节点退出系统时,该节点需要通知其邻居节点。邻居节点越少,节点退出系统时需要改变的路由表状态的节点就越少,从而保证了系统的稳定性。

④CPSRM 模型有利于提高系统的可扩展性和动态环境下的自适应能力。CPSRM 模型采用分簇的服务路由模型,簇的存在加强了对等网络的服务质量保

证,提高了对等节点资源的查询速度。同时,与集中式结构相比,分层结构把网络的负载分散到各个主干节点,使得单个节点不会因负载过重而成为潜在的系统瓶颈。此外,主干节点形成的扩散协议避免了路由广播拥塞,降低了每次搜索过程在网络中产生的负载量。

⑤CPSRM 模型有利于提高逻辑网络与物理网络的匹配程度。将物理距离接近的节点聚集在一起,以便将地理上邻近的节点分到同一个聚集中,从而使得对等网络的逻辑拓扑尽量反映实际的物理拓扑,可用于提供对等自治层的服务质量保证。

(2)CPSRM 模型节点的命名

节点的名字即节点的 CID,它是一个 M 位的二进制序列。在对等主干核心对等网络服务网络中,由于每一个节点都要从属于某一个聚集,为了使 CID 能区分不同节点所属的聚集,规定 CID 的高 S 位用于区分不同的聚集,即表示聚集的 ID,低 T 位用于区分同一聚集内的不同节点,其中 $M=S+T$,如图 3.3 所示。其中,高 S 位的聚集 ID 是在新生成聚集时采用均匀分布的随机函数或 Hashing 函数生成的,后 T 位的节点 ID 则是在节点加入某一个聚集时由节点的标识(例如,IP 地址等)通过 Hashing 函数得到的。

下面介绍如何使用改进的算法实现基于分簇的对等网络服务路由模型。

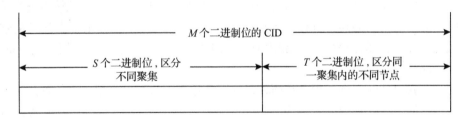

图 3.3　CID 的结构

(3)基于分簇的对等网络服务路由组织思想

由于 CID 是由 S 位聚集 ID 与 T 位节点 ID 拼接而成,因此,属于同一聚集的节点必然映射到同一环中,而属于不同聚集的节点则分别映射到不同环中。

本章在对等主干核心节点之间的路由结构中采用 DHT 算法将主干核心节点组织成环形,聚集内节点间的逻辑拓扑按照改进的 Chord 算法将不同的簇节点组成一个环形的结构。

基于分簇的对等网络服务路由的思想是,首先赋予簇中每个节点一个唯一标识 nodeId。nodeId 为 64 位长,因此可以将每个节点视为位于 $0 \sim 2^{64}-1$ 的数字空间(看作一个环,称"id 空间")中占据一个位置。nodeId 由节点的标识(例如 ip、簇名等)通过均匀的哈希算法,得到服务发送的目标地址表示为一个 64 位数,服务最终被转发至 nodeId 环中离目标地址最近的节点,服务网络簇内路由服务查找问题就可以用 Chord 很容易地解决了。在 Chord 中,节点并不需要知道所有其他节点的信息。每个 Chord 节点只需要知道关于其他节点的少量路由信息。在由 N 个节点组成的网络中,每个节点只需要维护其他 $O(\log N)$ 个节点的信息,同样,每次查找只需要 $O(\log N)$ 条消息。当节点加入或者离开网络时,Chord 需要更新路由信息,每次加入或者离开需要传递 $O(\log 2N)$ 条消息。

4. 基于分簇的面向对等网络服务路由搜索过程

(1)CPSRM 服务路由信息

与服务路由有关的信息主要分为两类。

①簇内本地状态信息。该信息主要在簇内成员之间通过对等主干核心节点传送。它包括的内容主要是簇内节点和覆盖链路中有关服务能力、资源及服务质量性能的参数。每个簇内的成员周期性地交换这些参数信息。

②簇间汇总状态信息。该信息主要在不同簇的簇首领之间传递,它包括的内容主要是本簇业务能力汇总信息。

(2)CPSRM 服务路由信息的搜索过程

当用户需要查询一个关键值 Key 所对应的服务时,查询过程如下。

①首先用户向对等网络中的一个节点发起请求,它发起的查询将在该节点所在的簇内的 Hash 环中进行。该查询节点会根据 Key 的低 32 位在本地簇内查询键值所在的节点。它的路由过程如下:根据 Key 的低 32 位,将查询请求发送到离这个低 32 位值最近的前驱节点。簇内对等网络服务路由查找过程需调用 C_{intra}_Find service node(Key)。

②在簇内部的查询过程会在两种情况下产生查询失败的结果。第一种是调用查询过程的节点收到内部查询失败的消息;第二种是经过一段时间(时间阈值可以静态设置或者通过网络的大小动态设定)后,调用过程的节点没有收到任何消息。

③当节点得知簇内查询失败后会向簇的对等主干核心节点发送消息,通知对等主干核心节点需要向外查询。

④对等主干核心节点首先查看自己的查询缓存,如找到与 Key 匹配的索引,则返回源查询节点资源的地址。否则,对等主干核心节点在主干网络中利用 Key 的高 32 位,根据簇间的路由算法,把查询请求发送到负责 Key 的高 32 位的目标对等主干核心节点。这里需要特别说明的是,在主干网络中只有各个簇的对等主干核心节点参与查询过程,普通节点并不参与主干网内的查询。

⑤负责管理 Key 高 32 位键值索引的目标对等主干核心节点收到资源查询请求后,查看自己的索引记录列表,如果找到与 Key 完全匹配的索引记录,则立即返回应答消息给查询请求节点。如果找不到,返回查询失败消息。

⑥最后,如果目标查询节点找到了 Key 的索引记录,把该索引记录拷贝一份到簇的对等主干核心节点。簇的对等主干核心节点会把记录加入它的查询缓冲区中。这样,当其他节点要查询同样关键值的资源时,对等主干核心节点立即返回关键值所对应的网络地址,而不用再到主干网上查询,减少了查询跳数。

```
C_intra_Find service node(key) //簇内的对等网络服务路由搜索伪代码
{
```

①key = Hash(待查服务的名称);

②如果待查服务 key 在查找节点 n 与它的后继节点之间,即 $n<key=succssor(n)$,由 chord 协议的构造可知,key 应该存在于节点 $succssor(n)$ 上,成功返回,否则转③;

③搜索服务的指针表,找到最接近且小于 key 的服务 n′(因离 key 越近的服务,知道 key 的信息就越多),然后以 n′ 为新的下一跳查找服务,转②。

该算法是一个递归的算法,每一次服务的查找过程都使得找到的服务与目标服务的距离至少缩短一半,整个算法的路由跳数至多为 logN(N 为服务总数)。

```
}
```

对等主干核心节点服务的路由算法

```
//查找 Super Finger Table 中离 key 最近主干网上的对等主干核心节点
SuperCloses tPrecedingFinger(n,key)
    {
            fori=31 down to 0
              if(n.super NodeID<superfinger[i].node<key)
              return superfinger[i].node;
            return n;
    }
```

基于分簇的面向对等网络服务的路由搜索伪代码如下。

```
Main()
    {
        route(n,key,mode)
        {
        if (mode==SUBRING)
        {
        return C_intra_Find service node(key);
        }
```

```
        else if(mode==MAINRING)
             if (Look up Cache (n,key))
             {
              Send Query Result ();
              Update Cache();
               return n;
             }
        return C_inter_Find service node(key);
          }
          else
          {
            cout<<"Mode Error"<<endl;
            return NULL;
            }
      }
C_intra_Find service node(key) //簇内的对等网络服务路由搜索伪代码
   {
      X=当前节点的 CID;Y=Key;
      D=X⊕Y
    If Y<=X
      Return X;
    Else
    {
      M=X 中 CID 距离 Key 最近的节点;
      N=Lookup(M,Key);
    DO
    {N=M;
      N= Lookup(M,Key);
    } While(Finger≠φ)
    }
    Return B;
    }
C_inter_Find service node(key) //簇间的对等网络服务路由搜索伪代码
   {
      key = ID>32; //
```

```
if (n = = key)
return n;
  n2 = n;
while(key! (n2,n2.suces sor))
{
  n2 = SuperCloses tPrecedingFinger(n2,key);
}
return n2.sucessor;
}
```

由于对等主干核心节点担任双重角色,在簇中既是一个普通节点,支持本地簇网资源的发布和查询,又帮助簇网节点进行外网资源的定位,所以对等主干核心节点在服务路由时,分成两种模式(mode)。如果 mode = = SUBNET,则调用普通节点服务的路由算法 C_{intra}_Find service node(key)。如果 mode = = MAINNET,首先检查查询的 key 是否在当前对等主干核心节点的 Cache 中有缓存,如果找到,则发送查询结果给源查询节点,并调整该查询记录在对等主干核心节点 Cache 中的位置(与具体 Cache 算法有关)。如果没有相应的查询记录,就调用主干网的服务路由算法 C_{inter}_Find service node(key)。

5. 基于分簇的面向对等网络服务路由性能分析

目前在对等网络中性能较好的路由算法是 Chord,其所有节点路由表的大小相等,为 logN,其网络直径为 O(logN)[35]。下面将本章所提出的 CPSRM 服务路由算法与 Chord 路由算法作个比较,评价方式主要包括服务的存储代价、服务的传输代价、服务定位的路径长度、服务定位延迟多个方面。本章将在这几个方面分析CPSRM 服务路由算法与 Chord 算法的性能。

(1)服务的存储代价

Chord 算法的存储代价包括 FingerTable、start 表,表的大小是 Key 的位数,一般为 32~160 位。

CPSRM 服务路由算法的存储代价,除了簇内 Chord 的 FingerTable、start 表外,还包括对等主干核心节点用于主干网路由的 Finger Table 和 start 表。在 CPSRM服务路由算法中,Key 的大小为 64 位,Finger Table 和 start 表的大小均为 32 位。另外,存储代价还有对等主干核心节点用于查询缓冲的 buffer 大小,这个 buffer 一般为 1~2 M。由于 CPSRM 服务路由算法的存储代价都位于对等主干核心节点,而对等主干核心节点都有较大的存储空间,所以 CPSRM 服务路由算法只是利用了对等主干核心节点空闲的存储空间,对整个系统服务存储代价的影响不是很大。

(2)服务的传输代价

Chord 算法系统的服务传输代价比较大,因为 Chord 算法直接将节点通过一次性哈希函数映射到一个统一的逻辑空间,这样就消除了节点物理位置的联系,没有充分利用服务数据的局部性优势。每次用户下载文件,可能都要从物理位置较远的节点下载。

CPSRM 服务路由算法采用的是双环 Chord 算法,在成环之前考虑了节点的物理位置,将物理位置较近的节点聚集在一个簇内,所以每次用户查询服务资源时都先在本簇中查询。如果在本簇中找到了资源,就直接在本簇下载,因此服务数据传输速度快、效率高。如果资源不在本簇,节点会在主干网中查找,并下载外网的资源,然后在本簇内发布该资源。这样簇内的其他用户要使用该服务资源时,就可以直接从该节点下载,服务数据传输效率高。

(3)服务定位的路径长度

服务定位的路径长度主要通过查询所经过的跳数来评估。

在原 Chord 算法中,假设网络有 2^N 个节点,则系统最差的查询跳数为 N。

在 CPSRM 服务路由算法中,假设每个簇中有 2^N 个节点,若系统分为 2^{N-M} 个簇,即 2^{N-M} 个对等主干核心节点。假设对于总节点数量为 X 的网络,Chord 的最差情况查询跳数为 $\log_2 X$,假设簇内查询命中率为 p,对等主干核心节点查询缓冲命中率为 k。则 CPSRM 服务路由算法的最差情况的查询跳数为:$L=M+(1-p)+(N-M)*(1-p)*(1-k)$。可以看出,当簇内命中率 p 和对等主干核心节点查询缓冲命中率 k 增大时,L 随之减小。因此 CPSRM 服务路由算法具有很强的可扩展性,随着网络规模的增大,p 和 k 减少查询跳数的作用越明显。

(4)服务定位延迟

原有的 Chord 算法并没有考虑节点间的物理拓扑信息,因此,节点间的连接延迟和访问速度差异较大。这不仅影响了资源定位的效率,而且使得资源下载速度受到很大的影响。而 CPSRM 服务路由算法的一个优势是将节点按照地理位置进行组织,即物理位置较近的节点被分配至同一簇内。这样,同一簇内节点间的访问速度和连接速度较快。假设 t_i 对应第 i $\left(1 \leqslant i \leqslant \frac{1}{2}\log N\right)$ 跳的网络延迟,则平均情况下,每跳的网络延迟为 $t = \sum_{i=1}^{\frac{1}{2}\log_2 N} P_i t_i$,其中 P_i 是查询经过第 i 跳的概率,则整个查询的网络延迟为 $t\left(\frac{1}{2}\log_2 N\right)$。根据 CPSRM 服务路由算法分析的结果将服务资源存储在物理链路上邻近的对等节点上,执行查询时,大量时间花费在簇内子网,很少时间花费在对等主干核心网,而且簇内子网的通信延迟要低于对等主干核心网。设对等主干核心网的平均每一跳的响应时间为 $t_1 (t_1 < t)$,簇内子网平均每一跳响应时间为 $t_2 (t_2 < t_1)$,则整个查询的平均响应时间为 $\frac{1}{2}(t_1 \log_2 N_1) + \frac{1}{2}(t_2 \log_2 N_2)$,从

而有 $\frac{1}{2}(t_1 \log_2 N_1) + \frac{1}{2}(t_2 \log_2 N_2) < \frac{1}{2} \log_2 N, \frac{1}{2}\{(t-t_2)n - (t_1-t_2)n_1\} \geqslant \frac{1}{2}(t-t_1)(n-n_1)$

$(t \geqslant \max(t_1, t_2))$ 即在最坏情况下 $(t_1 = t)$，平均响应时间会降低 $\frac{1}{2}(t-t_2)(n-n_1)$。

3.2.2　面向对等网络单播服务的簇内服务质量路由算法

1. 对等网络单播服务的簇内多约束服务质量路由算法

针对服务质量单播路由[36-38]问题，在设计具体的路由算法时考虑所有因素，会导致算法太复杂而不能在实际中很好地应用。因此，在进行具体算法设计时，要对多个约束条件进行简化。时延和带宽是对等网络服务路由路径必须保证的重要条件，从而保证用户获得高质量的单播服务；而费用是评价网络使用效率的重要指标，通过这个指标可以使单播系统获得最优效率。因此，这些因素都应该被列入约束条件中。根据以上分析，研究对等网络单播服务的多约束服务质量路由问题时主要考虑时延、带宽和费用这三个约束条件。下面根据以上分析给出面向对等网络单播服务的簇内服务质量路由模型。

对等网络服务的网络模型可表示为带权图 $G = (V, E; SR)$，V 是节点（表示对等网络节点）的集合，E 是边（表示节点之间的点到点连接）的集合，边权函数 $c(e): E \to R^+$ 表示节点之间的通信代价；$SR \subseteq V$ 为提供服务的节点集（$SR = SR_1 \cup SR_2 \cup \cdots \cup SR_k$），其中 SR_i 代表提供第 i 类服务的节点集，k 表示服务因子总数），称为服务节点，在对等网络中，节点提供一定的服务，每个节点在完成给定的服务时，需要 CPU、缓冲区等资源的支持。通常把节点为完成其承担的服务所需要的资源定义为节点的服务代价。这些节点处理特定服务所需代价函数为 $c'(r): SR \to R^+$。

根据上述论述，对于给定对等网络单播服务的簇内服务质量路由模型可以描述为：设在给定的对等网络 $G = (V, E; SR)$ 和单播三元组 $M = (s, d; L)$ 中，单播源点 $s \in V$，单播目的点 $d \in V-\{s\}$，设时延函数为 $\text{delay}(p(s,d)) \in R^+$，带宽函数为 $\text{bandwidth}(p(s,d)) \in R^+$，所要求解的路由问题相当于求解如下约束规划问题：

$$\underset{\forall p(s,d)}{Min} f = Min\left\{ \sum_{e \in p(s,d)} c(e) + \sum_{r \in SR_p} c'(r) \right\}$$

$$s.t. \ \text{delay}(p(s,d)) \leqslant D_{Req} \qquad (1)$$

$$\text{bandwidth}(p(s,d)) \geqslant B_{Req} \qquad (2)$$

$$(3.1)$$

其中：$p(s,d)$ 为从 s 到 d 的路径；SR_p 为路径 $p(s,d)$ 中承担服务的节点集合。$c(e)$ 指节点间的通信代价（这里指节点间通信的费用），通常把节点为完成其承担的服务所需要的资源定义为节点的服务代价。$c'(r)$ 是节点处理特定服务所需代价函数。式中 $D_{Req} \in R^+$、$B_{Req} \in R^+$，分别为服务请求的最大时延约束、服务请求的最小瓶颈带宽约束数值。上述模型的目标是求一条从 s 到 d 的服务路径,使得这条路径上的通信费用和服务代价最小,其中有两个约束条件。式(3.1)(1)表示所求的路径上的延迟总和不超过服务请求的最大时延值。式(3.1)(2)表示所求路径上的带宽值最小不能低于服务请求的最小带宽值。从公式(3.1)可以看出,对等网络单播服务的簇内服务质量路由问题,就是一个单目标多约束的数学规划问题,目标函数为单播服务的代价最小。NP 问题是指可以在多项式的时间里验证一个解的问题。同时满足下面两个条件的问题就是 NPC 问题。首先,它得是一个 NP 问题,然后,所有的 NP 问题都可以约化到它。有研究已经证明,存在一个以上不相关可加度量的服务质量单播路由问题是 NP 完全问题。显然,上述多约束服务质量单播路由问题属于 NP 完全问题,其时延和费用为可加度量且互不相关。

　　2. 求解簇内多约束服务质量单播路由算法

　　(1)簇内对等网络服务路径发现过程

　　文献[39]中提出了一种基于探测分组(probe)的分布式算法 LD,它利用探测分组进行业务图的发现,探测分组根据用户要求进行即时的状态信息采集。该算法分为四个阶段。①源节点把功能图分解为 Y 条功能路径,并为每条功能路径生成一个探测分组,该分组中包含其所对应的功能路径、用户的服务质量及资源要求,以及探测分组预算 β/Y。探测分组预算用于定义探测所有备选路径的分组额度。源节点把这些分组分别发给对应的功能路径中的下一跳节点。②在每个下一跳节点中,探测分组从相应的节点主机采集相应的本地状态信息,并根据探针分组预算产生新的探测分组以同时探测满足条件的多个下一跳业务实例。③在整个探测过程中产生的探测分组最终将到达目的节点,目的节点根据这些探测分组的信息综合成一张完备的候选业务图。④目的节点根据某种算法选择最优的路由,并通过证实信息把选定的业务图发送给源节点。

　　改进的分布式服务路径发现算法,其主要的修改集中在上一段的阶段②中每个服务节点对探测分组的处理上面,可细分为四小步。

　　①首先服务节点根据探测分组中包含的信息来判断该分组经过的服务路径是否已经违背了用户的服务质量要求,违背的话,则尽早丢弃该探测分组,否则,为所需要运行的服务实例作相应的资源预留。

　　②服务节点为下一跳服务功能选择合适的服务实例,这可以通过节点内部保存的簇本地状态信息表实现。当满足要求的服务实例来自本簇时,由于簇内信息表明确包含了该节点的详细信息,故不需要再进行操作;当下一跳服务实例来自其他簇时,由于该信息是通过簇间汇总信息表获得的,只存在关于目标节点的概要汇总信息,此时本业务节点需向该实例所处簇的簇主干节点发出请求信息,获取对应节点的详细信息。假设当下一跳业务功能 s_i 有 z_i 个满足要求的业务实例,而当前探测分组的预算为 t_i,则当 $t_i \geq z_i$ 时,表明节点主机有足够的预算可以探测所有的

候选服务实例,此时节点主机根据收到的探测分组生成 z_i 个新的探测分组,每个探测分组的预算为 $\dfrac{t_i}{z_i}$;当 $t_i < z_i$ 时,表明节点只能选择业务实例中的一部分进行探测。此时改进的分布式服务路径发现算法采取描述的选择策略进行下一跳服务实例节点的选取。

③每个新产生的探测分组继承了旧探测分组中的状态信息,并且加入新的链路、节点状态信息以组成新分组的完整信息表。新状态信息的获得分为两种情况:当下一跳节点来自同一个簇时,从当前节点的内部数据库中直接获取相应的本地状态信息并加入新探测分组中;而当下一跳节点来自不同簇时,需要采取相应的测量手段获取相应的跨簇链路状态信息。

④当前节点把这些新生成的探测分组通过覆盖网络服务路由算法送到指定的下一跳服务实例节点,重复进行,直至到达目的地。

(2)求解带服务质量约束的对等网络服务单播路由问题的算法

关于多约束路由,已有一定的研究。其中的启发式算法大多使用了 Dijkstra 算法或者 Bellman-Ford 算法[40]。文献[41]从服务质量参数着手,假定各多约束有混合权重,从而给出了解法。文献[42]给出的扩展深度优先搜索(extended depth first search,EDFS)方法,其复杂程度为 $O(m2 \times EN + N2)$。其中,E 和 N 分别为边数和节点数,m 为从源点到终点可能的路径数。由此可以看出,服务质量问题的求解还是非常复杂的。

由于多约束的服务质量 R 是 NP 完全问题,因此,研究人员设计了很多启发式算法。然而这些算法往往具有三点很大的局限性。①计算复杂度过高,无法应用到实际环境中。②算法性能较差,找不到实际存在的可行路径。③算法只是针对某些特殊情况而设计的,不具有普适性。

本章提出一种算法服务质量约束的对等网络服务单播路由算法(P2P unicast service QoS routing algorithm,PUSQRA),算法思想是:把多约束中的加性参数(时延和费用为可加度量)转换为瓶颈性参数,使用直观、简单的方法找到从源点到终点的路径。该方法是服务质量多约束路由问题算法中最简单的方法,并且性能较好。与目前的多约束路径的解决方法相比,该方法最简单、步骤最少、开销最小。尤其是该方法计算复杂度最低、应用方便、实施简单,服务质量路由建立时间减少,便于服务质量的实际应用。

本章提出的求解带服务质量约束的服务单播路由问题的方法如下。

①初始化。已知 $G=(V,E;SR)$,其中对等网络单播服务的簇内服务质量路由模型中带宽约束下限为 B,传输延迟上限为 D。

②去除 $G=(V,E;SR)$ 中不满足约束条件的边,如果该边的带宽小于 B,则去除带宽小于 B 的边,得到图 G'。

③去除图 G 中不满足约束条件的边,如果该边的传输延迟大于 B,则去除该边,得到图 G''。

④在图 G'' 中,运用 Dijkstra 算法求得最短路径。如果存在一条从源点到终点的最短路径,则该路径即为所求路径,否则,寻路失败。

（3）算法描述

如式（3.1）所示,带服务质量约束的服务单播路由问题要求确保获得该类单播服务,在考虑服务质量约束的条件下,下列算法 3.1 可找到此问题的最优解。

```
Algorithm 3.1 PUSQRA (standard algorithm for PUSQ)
Input: network graph G = (V,E;AR = {r₁,r₂,···,rₚ}),and unicast
triple M=(s,d;Q),Q={B,D,N}.
Output: unicast routing path = (s,u₁,u₂,···,r',···,uₘ,d).
Initialization();
G':=bandwidth_satisfying(G);
G":=delay_satisfying(G);
G'(V',E') = G'(G) ∩G"(G)
k:   For I=1 to N+1
     Begin
     s_pathⱼ = Dijkstra (s,rⱼ);
     s_costⱼ=cost (s_pathⱼ);
     d_pathⱼ = Dijkstra (rⱼ,d);
     d_costⱼ=cost (d_pathⱼ);
     i=1;
     min_cost=s_costᵢ+d_costᵢ+c'(i);
     For j=2 to p
        Begin
          If s_costⱼ+d_costⱼ+c'(j)<min_cost
        Then i=j,min_cost=s_costⱼ+d_costⱼ+c'(j);
           If   h<N+1
           Then h=h+1 goto k
        End
     Path=s_pathᵢ+d_pathᵢ;// s_pathᵢ union d_pathᵢ;
     Output Path
   End
```

3. 算法分析

该算法有如下性质。

定理 3.1　PUSQRA 算法所求的路径一定满足带宽和时延约束要求。

证明:根据 PUSQRA 算法的描述可知,首先去除 $G=(V,E;SR)$ 中不满足约束条件的边即去除带宽小于 B 的边,因此求得的路径满足 $\text{bandwidth}(p(s,d)) \geqslant B$。

同理可证,PUSQRA 算法所求的路径一定满足时延约束要求,即

$$\text{delay}(p(s,d)) \leqslant D$$

因此可得,PUSQRA 算法所求的路径一定满足带宽和时延约束的要求。

定理 3.2　如果网络中存在一条可行路径,则 PUSQRA 算法将会搜索到该路径。

证明:在 PUSQRA 中,首先从图中剪除不满足服务质量条件的路径,然后用经典的 Dijkstra 最短路径算法,求得一条最小费用和最小代价满足公式(3.1)的对等网络单播服务的服务质量路由。在这些路径中,如果存在可行路径,则该路径必定满足服务质量约束。如上所述,若网络中存在一条可行路径,则 PUSQRA 算法将会搜索到该路径。

3.2.3　面向对等网络组播服务的簇内服务质量路由算法

1. 对等网络组播服务的簇内多约束服务质量路由

对等网络组播服务的簇内多约束服务质量路由算法带有多约束服务质量组播路由优化,对路由计算有着严格的时限要求。已有的多约束服务质量组播路由算法,虽然收敛效果较好,但过于复杂。针对对等网络服务的路由特点,本章提出了对等网络组播服务的簇内多约束服务质量路由算法,该模型定义为 CQPSL 问题(constrain QoS P2P service routing problem),其中服务质量主要包含延迟、带宽、代价约束;然后采用模糊数学的目标规划求解该路由问题。CQPSL 问题的核心是如何构造一棵满足服务质量要求的斯坦纳(Steiner)树。对于服务质量组播路由问题,一般有两种服务质量要求,即最优化(optimization)和满足给定的约束条件(constraint)。这些要求的组合就形成了用户对网络提出的各种服务质量要求。这里,要求生成的组播树在满足节点度以及带宽限制的前提下,使得该树的代价和延迟尽量达到最优值。CQPSL 问题可归结为:寻求一棵覆盖组播源点 s 和组播目的节点集 D 的组播树 $T(s,D_T)$,使得该组播树在满足带宽和度的约束的条件下,代价和延迟达到最小值。其中,节点的度和带宽是约束条件,而代价和延迟是优化目标。$\text{delay}(T(s,D_T))$ 表示组播树的延迟,可用下列方式描述,其中 $\text{delay}(e)$ 表示树 $T(s,D_T)$ 中边的延迟。

$$\text{delay}(T(s,D_T)) = \sum_{e \in T} \text{delay}(e)$$

$\cos t\big(T(s,D_T)\big)$ 表示组播树的费用代价,其中 $\cos t(e)$ 表示树 $T(s,D_T)$ 中边 (e 表示组播树 T 的边)的费用代价,那么组播树的费用代价 $\cos t\big(T(s,D_T)\big)$ 可以表示为:

$$\cos t\big(T(s,D_T)\big) = \sum_{e \in T} \cos t(e)$$

$\text{bandwidth}\big(T(s,D_T)\big)$ 表示组播树的带宽,其中 $\text{bandwidth}(e)$ 表示树 $T(s,D_T)$ 中边(e 表示组播树 T 的边)的带宽,组播树的花费的带宽为组播树中的边的瓶颈带宽,所以组播树的带宽 $\text{bandwidth}\big(T(s,D_T)\big)$ 可以表示为:

$$\text{bandwidth}\big(T(s,D_T)\big) = \underset{e \in T}{\text{Min}}\big(\text{bandwidth}(e)\big)$$

综上所述,簇内对等网络组播服务的服务质量路由问题(CQPSL)可定义为:给定无向图 $G=(V,E)$,V 是对等网络簇内服务节点的集合,E 是边(表示簇内节点之间的逻辑连接)的集合。组播源点 $s \in V$,组播目的节点集为 D,$D \subseteq D_T \subseteq \{V-\{s\}\}$,那么组播树为 $T(s,D_T)$,该问题的目标是求一棵从 s 到 D 的组播树,使得该组播树在满足带宽和度的约束的条件下,代价和延迟达到最小值。这里用 F 表示多个优化目标,这样,该模型可归为以下的多目标多约束的规划模型:

$$F = \left\{ \underset{T \subseteq G}{\text{Min}}\big(\text{delay}\big(T(s,D_T)\big)\big), \underset{T \subseteq G}{\text{Min}}\big(\cos t\big(T(s,D_T)\big)\big) \right\} \tag{3.2}$$

$$s.t. \begin{cases} \text{bandwidth}\big(T(s,D_T)\big) \geqslant B, e \in T & (1) \\ d_T(V) \leqslant d_{\max}(V), V \in D_T & (2) \end{cases}$$

给定的 CQPSL 问题目标是使组播树 $T(s,D_T)$ 的时延代价最小,并且使组播树 $T(s,D_T)$ 满足其费用代价最小,其中有两个约束条件。约束式(3.2)中的式(1)表示组播树的带宽需满足的下限,式中的 B 为用户指定的最小带宽约束,约束式(3.2)中的式(2)中的 $d_{\max}(v)$ 为任一节点 v 的最大度限制,式中要求对于组播树 $T(s,D_T)$ 的任一节点 v 不超过节点最大度限制。

2. 簇内多约束服务质量组播路由算法

(1)基本概念

模糊数学以模糊集合论的展开为前提,以隶属度概念和截集为途径,实现模糊性向精确性的转化。隶属度是对经典集合论加以改造的结果。经典集合论阐明:对于给定集合 A,任一元素 X,要么 X 属于 A,要么不属于 A,两者必居其一。而模糊集合论用隶属度来刻画元素属于集合的程度。

①模糊集合。模糊子集与普通子集的区别在于它的"边界"具有模糊性[42]。对于普通子集,论域 U 中每一个元素或属于子集(即对子集的隶属程度为1),或不属于子集(即对子集的隶属程度为0)。对于 u 的模糊子集,在 U 中存在这样的元素,它对该模糊子集的隶属程度不是1,也不是0,而是0到1之间的实数。所以只

要用特征函数表达集合的方法加以推广,将 $\{0,1\}$ 改成区间 $[0,1]$,就可以得到模糊子集的定义。

②隶属度。取 X 为某一定义域上的全集,该全集上的模糊子集就可以定义为:

$$A = \left\{ \left(x, \mu_A(x) \right) \mid \mu_A(x) \in [0,1], x \in X \right\}$$

这里 $\mu_A(x)$ 称为 x 对于模糊子集的隶属度,μ_A 称为模糊子集 A 的隶属函数。可以看出,模糊集合与经典集合的一个显著区别是:在模糊集合中,$\mu_A(x)$ 属于 $[0,1]$,而不像在经典集合中它仅限 $\{0,1\}$。上面这种表示方法被称作序偶法,当然也可以采用向量法、图形法等各种手段来描述一个模糊集合,这完全可以视方便而定。

先对幂集进行定义:把一个集合的全部子集作为元素,这样构成的集合叫作这个集合的幂集。例如集合 $B = \{0,1\}$ 的幂集为: $\left\{ \phi, \{0\}, \{1\}, \{0,1\} \right\}$。

隶属函数是模糊集合中最具决定性作用的成分。从下面两条性质可以看出其重要性。

①全集 X 中,若对任意 $x \in X$,都有 $\mu_A(x) = 1$,称 A 为全集,记为 $A = X$;反之,若对任意 $x \in X$,都有 $\mu_A(x) = 0$,称 A 为空集,记为 $A = \phi$。

②任意 $A, B \in \rho(x)$,如有 $x \in X$,都有 $\mu_A(x) \geqslant \mu_B(x)$,称 A 包含 B,记 $A \geqslant B$;若对任意 $x \in X$,都有 $\mu_A(x) = \mu_B(x)$,称 $A = B$。这里 $\rho(x)$ 指 X 的幂集。

(2)模糊规划求解方法

对于具有模糊目标和模糊约束的决策问题,首先应用模糊集理论,将模糊数学规划转化为确定的数学规划[43],然后再用常规优化方法求解,其中的关键是转化方法。

①单目标单约束的模糊规划。模糊规划还可以分为对称型和非对称型。所谓对称型模糊规划,就是指在目标和约束具有同等重要性的情况下,求最优化的问题。这里先讨论对称型模糊规划的解法。

如果目标函数 $y = f(u)$ 有界,其上下确界分别是 M 和 m,由于 $f(u)$ 并不一定限制在 $[0,1]$ 上取值,因此将 $f(u)$ 改造为 $M_{f(u)}$,使它在 $[0,1]$ 上取值。

$$M_f(u) = \frac{f(u) - m}{M - m}$$

其中,$M = \max f(u)$,$m = \min f(u)$。

可见,函数 $M_f : U \to [0,1]$ 是一 F 集(模糊集),它可代表目标,成为 F 目标集。显然,在 A_α 上求 $f(u)$ 的问题,等价于在 A_α 上求元素 u^*,使 $M_{f(u^*)} = \underset{u \in A_\alpha}{\text{Max}} M_{f(u)}$,现考虑在 F 集 A 上求 $f(u)$ 的最大值问题。

定义 3.1:设约束 A 和目标 M_f 都是 U 上的 F 集,如果

$$M_{f(u^*)} = \max_{u \in U}\left(M_f(u) \wedge A(u)\right)$$

则称 u^* 是 $f(u)$ 在 F 集 A 上的极大元素(或称最优点),而称 $f(u^*)$ 是在 F 约束 A 下的最大值(或称最优值)。

寻找 $f(u)$ 在 F 集 A 上的最优点的问题,又称为 F 决策问题。

定义 3. 2: 设 $A,B \in F(U)$,记

$$D = B \cap A,\ 即\ D(u) = B(u) \cap A(u)$$

称 D 为 F 决策。若 u^* 满足 $D(u^*) = \max_{u \in U} D(u)$,则称 u^* 是最优决策。

②多目标、多约束的模糊规划。

定义 3. 3: 设 $A_i, B_i \in F(U)$,记

$$D = \left(\bigcap_{i=1}^{n} A_i\right) \cap \left(\bigcap_{i=1}^{n} B_i\right)$$

称 D 为 U 上的 F 决策,记

$$G(D) = \left\{ u^* \mid D(u^*) = \max_{u \in U} D(u) \right\}$$

称 $G(D)$ 为最优决策集。

非对称情况:如果把目标和约束看成同等重要不合适的话,可以用加权的办法。这就是所谓的凸 F 决策问题。

设 $a \geqslant 0, b \geqslant 0$,且 $a+b=1$,记 $B = aA + bM_f$,即有 $B(u) = aA(u) + bM_{f(u)}$ $\quad \forall u \in U$ 若有 u^*,使得 $B(u^*) = \max_{u \in U} B(u)$,则称 u^* 为 f 的最优点,$f(u^*)$ 为最优值。

由于算法的关键部分使用了模糊数学的相关理论(主要是模糊规划),因此将该 CQPSL 问题的算法记为 CQPSLFA。

(3)CQPSLFA 的求解模型

①先用剪枝的方法剔除网络中不满足带宽约束的链路,即删除 $\mathrm{bandwidth}(e)$ $<B$ 的边。

②然后利用模糊数学的多目标 F 规划,综合评价代价和延迟两个优化目标并得出评价指数,从而将多目标转化为单目标。

在 CQPSL 问题模型中,有延迟和代价两个目标函数,分别定义为 $\sum_{e \in T} \mathrm{delay}(e)$ 和 $\sum_{e \in T} \cos t(e)$,这里,将 $\mathrm{delay}(e)$ 和 $\cos t(e)$ 分别记为 $Md(e)$ 和 $Mc(e)$。由于 $Md(e)$ 和 $Mc(e)$ 并不一定限制在 $[0,1]$ 上取值,因此将 $Md(e)$ 和 $Mc(e)$ 改造为 $Md_{f(e)}$ 和 $Mc_{f(e)}$,使它在 $[0,1]$ 上取值。

$$Md_f(e) = \frac{Md(e) - m}{M - m},\ 其中,M = \mathrm{Max}\ Md(e),m = \mathrm{Min}\ Md(e)$$

$$Mc_f(e) = \frac{Mc(e) - m}{M - m},\ 其中,M = \mathrm{Max}\ Mc(e),m = \mathrm{Min}\ Mc(e)$$

可见,函数 $Md_f(e)$、$Mc_f(e)$ 是模糊集,分别代表延迟和代价,称为模糊目标集。

现在,考虑求 $Md_f(e)$、$Mc_f(e)$ 的最大值,但在此之前,要将这两个目标先转化为单目标。

对于多目标 $f_1,f_2,\cdots,f_m$,先求出模糊目标集 $M_{f_1},M_{f_2},\cdots,M_{f_m}$,再采用

$$M_f = \sum_{i=1}^{m} b_i M_{f_i}, \text{其中}, b_i \geq 0, \sum_{i=1}^{n} b_i = 1$$

将多目标转化为单目标。对于多个目标,其重要性可能是不同的,因此要为每一个目标赋予权值。这里令延迟的权值为 a,代价的权值为 b,$a+b=1$,则:

$$M_f(e) = a * Md_f(e) + b * Mc_f(e)$$

其中,$M_f(e)$ 为综合评价延迟和代价后的单目标函数,当 $M_f(e)$ 越大,则目标越优化。

原模型的多目标函数可转换为:

$$F = \underset{T \subseteq G}{\text{Min}} \big(\text{delay}\big(T(s,D_T)\big), \text{cost}\big(T(s,D_T)\big) \big)$$

$$= \underset{T \subseteq G}{\text{Max}} \sum_{e \in T} M_f(e) = \sum_{e \in T} \text{Max}(M_f(e))$$

$$= \sum_{e \in T} \text{Max}(a * Md_f(e) + b * Mc_f(e)), a+b=1;$$

因此,原多目标、多约束的规划模型可转化为:

$$F = \text{Max} \sum_{e \in T} M_f(e) = \sum_{e \in T} \text{Max}(M_f(e))$$

$$= \sum_{e \in T} \text{Max}(a * Md_f(e) + b * Mc_f(e)), a+b=1;$$

$$s.t. \begin{cases} \text{bandwidth}\big(T(s,D_T)\big) \geq B, e \in T \\ \text{degree}(v) \leq d_{\max}(v), v \in D_T \end{cases}$$

③将单目标 $M_f(e)$ 视为路径的距离权值,在满足组播节点度的限制的条件下,利用最短路径算法,从组播源点开始,依次将所有组播节点加入,从而构成一棵覆盖所有组播节点并且满足服务质量要求的组播树。

(4)CQPSLFA 的求解流程图

具体如图3.4所示。

3. CQPSLFA 算法性质分析

定理3.3 CQPSLFA 算法所求的路径是存在的。

证明: 若证明 CQPSLFA 算法所求的路径是存在的,即证明算法可行解的存在性。主要分为两种情况来证明。

①如果没有带宽和度的约束,则该问题可转化为单目标的最小斯坦纳树问题。最小斯坦纳树是最小生成树的子树,而对于任一连通图,必存在最小生成树,因此,其子树最小斯坦纳树也一定存在。

②在网络规模很小的情况下(即网络节点在20个以内),当带宽和度的约束比较苛刻的时候,可能不存在一个覆盖所有组播节点的组播树,网络无法满足超出

其能力的服务质量保证。现实中,网络规模通常都很大,因此,即便在带宽和度的要求较高的情况下,也总是存在满足要求的组播树。

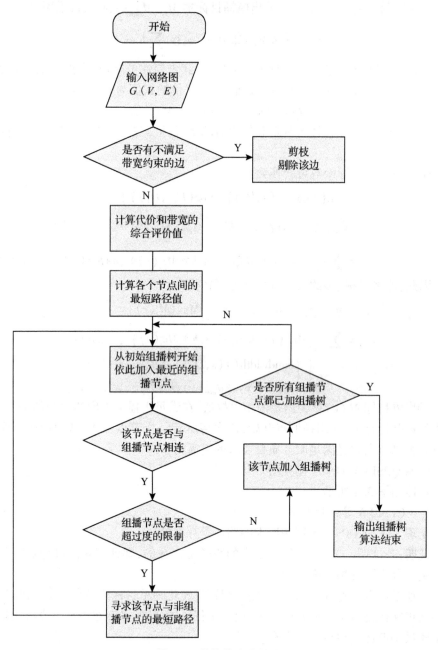

图 3.4 模糊算法流程图

定理 3.4　CQPSLFA 算法所求的路径是满足带宽和度约束要求的代价最小的支撑树。

证明：先证明 CQPSLFA 算法所求的路径一定是满足带宽和度约束要求的一棵支撑树。CQPSLFA 算法第一步针对带宽约束，利用剪枝法去除不满足条件的边，即对于组播树 T 上的任意一条边都满足 $e \in T$, bandwidth$(e) \geq B$; 对于度约束来说，如果加入组播树的链路与组播节点相连，则要判断其是否超过了该组播节点度的限制，即对于组播树 T 上的任意一个组播节点 $v \in T$, 当 degree$(v) \leq d_{\max}(v)$ 时，才可以加入链路。因此，最终生成的组播树一定是满足带宽和度约束要求的一棵支撑树。

再证明它是代价和时延最小的组播树。算法的第二步和第三步都能保证新加入树中的节点是距离当前树最小的（即代价最小），并且时延也是最小的，那么每次迭代操作后树 T 总是代价和时延最小的，直至算法结束。所以用 CQPSLFA 算法所求的路径是满足带宽和度约束要求的代价最小的支撑树。

定理 3.5　CQPSLFA 算法达到了优化目标。

证明：对于两个优化目标来说，对其权重的不同设定会导致不同的结果。如果将其中一个权重设为 1，另一个设为 0，则多目标问题会转化为特例，即单目标问题。而模糊规划可以根据其重要性对两个目标进行综合评判，从而将多目标问题转化为单目标问题，因此对多目标的优化无疑是正确的。

定理 3.6　CQPSLFA 算法所求的转化的单目标问题的解法是正确的。

证明：CQPSLFA 算法所求的转化后的单个目标是可加性度量，因此只要保证每次加入的值都最小，则总的目标值就是最小的。因此，CQPSLFA 算法所求的转化的单目标问题的解法是正确的。

定理 3.7　CQPSLFA 算法的时间复杂度为 $O(n^2) + O(n^2) + O(n^3) = O(n^3)$。

证明：CQPSLFA 算法的时间复杂度为算法初始化时间复杂度、算法第一步的时间复杂度和算法第二步的时间复杂度的总和。算法初始化的时间复杂度为 $O(n^2)$。算法第一步中，n 的循环为两层，其时间复杂度为 $O(n^2)$。算法第二步中，n 的循环为三层，其时间复杂度为 $O(n^3)$。因此，CQPSLFA 算法的时间复杂度为 $O(n^2) + O(n^2) + O(n^3) = O(n^3)$。

3.2.4　面向对等网络单播服务的簇间服务质量路由算法

1. 对等网络单播服务的簇间服务质量路由算法

本章提出的基于服务质量的对等网络路由由簇内服务路由和簇间服务路由两部分构成。根据对等网络服务结构可知，簇内服务路由和簇间服务路由具有相似的结构，因此两者的服务路由问题也具有相似的特点。在簇间服务路由中也是分别研究对等网络单播服务路由和对等网络组播服务路由，主要是研究每个簇内的对等主干核心节点之间的路由问题。由于对等网络的簇间部分由对等主干核心节点组成，簇内部分由普通节点组成，因此对等网络的簇间路由和簇内路由还是有一定的差别，有必要对对等网络的簇间路由进行研究。在对等网络的簇间路由中，对等主干核心节点是路由中的重要角色，其一方面承担簇内管理者的职责，在簇内，对等主干核心节点实时监测和记录簇内每个节点的在线情况，以便管理和进行路由的更新。在每个簇内，可同时存在多个对等主干核心节点，当其中一个节点失效时，需要及时更新节点路由表。为了实现对等主干核心节点的替换功能，每个对等主干核心节点还需监测和记录簇内每个在线节点的服务质量属性（包括 CPU 能力、带宽和连续在线时间等，这些信息由普通节点向对等主干核心节点报告），从而维护备份对等主干核心节点。同时，对等主干核心节点也是簇间联系的桥梁，还需维护簇间核心节点之间的路由信息。

簇间对等网络服务质量路由与簇内对等网络服务质量路由的区别如下。

①簇间对等网络服务质量路由是针对多个簇的研究，不可能获得整个网络完整和准确的拓扑结构，在此基础上进行路由有一定的困难。簇内对等网络服务质量路由则针对一个聚集簇，它可以获得整个簇内的拓扑结构。

②簇间对等网络服务质量路由由于涉及不同的聚集簇，在实施路由调整和管理时需要在不同的管理簇之间进行协商，因此会涉及相应的协商和监督机制。而这些问题在簇内是不会有的。

③簇间对等网络服务质量路由如果进行调整，必然会引起簇内路由的变化，从而导致簇内路由算法的变化。而簇内路由的变化一般不会影响簇间的路由算法。

针对本章需建立面向对等网络单播服务的簇间服务质量路由算法，可以从节点之间可接受的连接带宽、节点的最大带宽、节点之间的会话时间等几个方面考虑影响服务路由的因素。

对等网络路由的目标是建立一条从源点到目的节点的满足上述服务质量要求的路径，使该路径上对等网络服务的吞吐量最大[44-46]。

对等网络单播服务的簇间服务质量路由问题可定义为：对于顶点数为 n 的图 $G=(V,E)$，V 为对等网络主干核心节点，E 为节点之间所对应的边的集合。每个节点可以动态加入和离开网络，b_i、b_j 分别表示节点 i 和 j 之间所能够分配的带宽，那么节点 i 和 j 之间的可用连接带宽 $b_{ij}=\min(b_i,b_j)$，c_{ij} 表示节点 i 和 j 之间可接受的最小带宽，建立面向服务质量的对等网络服务路由的目标是要发现图 G 中的一条路径 $p(s,d)$ 以使对等网络服务网络的吞吐量最大化，同时满足以下条件。

①所选的路径的带宽利用率大。

②节点间的有效带宽在连接带宽和可接受带宽之间。

在 n 个节点的无向图 $G(V,E)$ 中，B_{ij} 表示分配给对等主干节点 i 和 j 的带宽，流量 F_{ij} 代表节点 i 和 j 之间的流量。定义节点 i 和 j 之间带宽利用率的标准来衡量网络吞吐量的优劣,如下。

$$\rho_{ij}=\frac{F_{ij}}{B_{ij}}$$

假定源点 s 和目的点 $d,s\in v,d\in v$,在给定的源点和目的点之间存在多条路径,所有这些路径的集合表示为 $P(s,d)=\{P_1,P_2,\cdots,P_m\}$,$p$ 是 $P(s,d)$ 中的任意一条路径。其中 $(i,j)\in E$,变量 B_{ij} 表示分配给对等主干节点 i 和 j 的带宽,x_{ij} 是一个二元变量,当 $x_{ij}=1$ 时,表示边 $edg(i,j)$ 是连接点 i 和 j 的,当 $x_{ij}=0$ 时,表示边 $edg(i,j)$ 是未被用于连接节点 i 和 j 的,b_{ij} 是用于连接节点 i 和 j 的可用的带宽;c_{ij} 为连接节点 i 和 j 的可接受的最小带宽。综上所述,该问题可以归为以下优化问题。

$$\underset{p\in P(s,d)}{\mathrm{Max}}\left\{\sum_{(i,j)\in p}\frac{F_{ij}}{B_{ij}}*x_{ij}\right\}$$

$$s.t.\begin{cases}B_{ij}\geqslant c_{ij}x_{ij},(i,j)\in p(s,d)\\B_{ij}\leqslant b_{ij}x_{ij},(i,j)\in p(s,d)\\x_{ij}\in\{0,1\},(i,j)\in p(s,d)\end{cases}$$

在上述模型中,目标函数在给定的源点和目的点之间存在多条路径,从这些路径的集合中选择一条路径,使得这条路径的服务带宽的利用率最大。该模型有三个约束条件,第一个约束条件中,变量 B_{ij} 表示分配给对等主干节点 i 和 j 的带宽,c_{ij} 为连接节点 i 和 j 的可接受的最小带宽,该条件表示分配给对等主干节点 i 和 j 的带宽下限为 c_{ij};第二个约束条件表明分配给对等主干节点 i 和 j 的带宽上限为 b_{ij};第三个约束条件中,x_{ij} 表示对等主干节点 i 和 j 是否直接相连,若是则 $x_{ij}=1$,否则 $x_{ij}=0$。

2. 簇间对等网络单播服务质量路由的实现

由于对等主干核心节点对整个对等网络服务网范围内的路由起关键作用,所以对对等主干核心节点的能力和稳定性要求很高。节点的稳定性决定整个网络的稳定性,所以在对等网络簇间的服务质量路由中主要考虑节点的可用带宽,在簇间的对等网络单播服务路由中主要考虑节点的可用带宽,从而保证每个簇内的服务都能够达到可用性和稳定性的要求,保证路由的服务质量。因此,对于簇间服务路由问题,应在考虑可用带宽和路径带宽利用率的基础上进行算法研究。

簇间对等网络单播服务质量路由具体实现如下。

①当节点得知簇内查询失败后,会向簇的对等主干核心节点发送消息,通知对等主干核心节点需要向外查询。

②对等主干核心节点首先查看自己的查询缓存,如果找到与 Key 匹配的索引,则返回源查询节点资源的地址。否则,对等主干核心节点在主干网络中利用 Key 的高 32 位,根据簇间的路由算法,把查询请求发送到负责 Key 的高 32 位索引的目

标对等主干核心节点。这里需要特别说明的是,在主干网络中只有各个簇的对等主干核心节点参与查询过程,普通节点并不参与主干网络的查询。

③负责管理 Key 的高 32 位键值索引的目标对等主干核心节点收到资源查询请求后,查看自己的索引记录列表,如果找到与 Key 完全匹配的索引记录,则立即返回应答消息给查询请求节点。如果找不到,返回查询失败消息。

④最后,如果目标查询节点找到了 Key 的索引记录,把该索引记录拷贝一份到源簇的对等主干核心节点。源簇的对等主干核心节点会把记录加入它的查询缓冲区中。这样,当其他节点要查询同样关键值的资源时,对等主干核心节点会立即返回关键值所对应的网络地址,而不用再到主干网上查询,减少了查询跳数。

3. 求解问题的动态蚁群算法

蚁群智能算法是受蚂蚁寻找食物行为模式启发而提出的一类优化算法。蚁群算法作为一种启发式算法,是提供良好网络服务质量的非常有潜力的算法。在应用其解决路径问题时,人工蚂蚁就是一些探测包,它们会在所经路径上留下人工信息素。通过统计路径上的信息素浓度以及启发因子[47]可以计算蚂蚁在每个路径上的转移概率,在经过多次迭代后,信息素浓度最高的路径就是所求的解。

定义蚂蚁选择路径 (i,j) 的概率当 $j \in J_k(i)$ 时为

$$p_{ij}^k(t) = \frac{[\tau_{ij}(t)]^\alpha \cdot [\eta_{ij}(t)]^\beta}{\sum_{k \in J_k(i)} [\tau_{ik}(t)]^\alpha [\eta_{ik}(t)]^\beta} \tag{3.3}$$

式中,$J_k(i)$ 表示第 k 个蚂蚁下一步可以选择的路径的集合;

$p_{ij}^k(t)$ 表示第 k 个蚂蚁在 i 点选择经过路径 (i,j) 的概率;

$\tau_{ij}(t)$ 表示在 t 时刻路径 (i,j) 上的信息素浓度;

$\eta_{ij} = F_{ij}/B_{ij}$,$F_{ij}$ 表示经过路径 (i,j) 的流量,B_{ij} 表示经过路径 (i,j) 的带宽;

α 和 β 两个参数分别用来控制信息素和路径长度的重要程度。

现用 $\tau_{ij}(t)$ 表示 t 时刻边 (i,j) 上的信息素浓度。当蚂蚁完成了一次循环之后,相应边上的信息素浓度为

$$\tau_{ij}(t+1) = \rho \cdot \tau_{ij}(t) + \Delta\tau_{ij} \tag{3.4}$$

其中,ρ 为一个取值范围在 0 到 1 之间的常数系数,$1-\rho$ 表示在时间 t 到 $t+1$ 之间信息素的挥发。

$$\Delta t_{ij} = \sum_{k=1}^{m} \Delta t_{ij}^k \tag{3.5}$$

其中,Δt_{ij}^k 是第 k 个蚂蚁在时间 t 到 $t+1$ 之间,在边 (i,j) 上增加的信息素变量。它的值由以下公式确定

$$\Delta t_{ij} = \begin{cases} Q & \text{如果第 } k \text{ 只蚂蚁在 } t \text{ 到} \\ L_k & t+1 \text{ 之间经过边 } (i,j) \\ 0 & \text{否则} \end{cases} \tag{3.6}$$

其中,Q 是一个常量,用来表示蚂蚁完成一次完整的路径搜索后,所释放的信息素总量;L_k 是第 k 个蚂蚁的路径总带宽利用率,它等于第 k 个蚂蚁经过的各段路径上所需的带宽利用率的总和。如果蚂蚁的路径总带宽利用率越高,那么其在单位路径上所释放的信息素浓度就越高。很显然,蚂蚁不会在其没有经历过的路径上释放信息素。

为了提高蚁群算法的全局搜索能力和搜索速度,用来解决对等网络单播路由问题的蚁群算法 3.2 的伪代码形式如下。

```
Begin
初始化,将 m 只蚂蚁放到起始节点 s 上,Eₖ = φ,k = 1,…,n  τᵢⱼ(0) =
c(c 是正常数)
      Loop
    For k = 1 to m do
蚂蚁 k 判断与当前所在的节点 i 连接的节点是否已经走过;
按公式(3.3)计算所有未走过的节点的概率,并按此概率随机选择下一个节
点 j;
按公式(3.4)(3.5)和(3.6)更新节点 i 和 j 之间路径的信息素浓度;
      If 节点 j 是目标节点 t then
          判断此路径的带宽利用率是否最大,若是,则将此路径经过的
点记录下;
              Eₖ ≡ Eₖ ∪ edg(ij);
          将起始节点 s 与目标节点 t 互换并清空所走过的节点记录。
    End
    If 近似带宽利用率总和大于给定的目前的带宽利用率 then ex-
it Loop
          Eₖ ≡ Eₖ ∪ edg(ij)
    Else goto Loop
  End
```

4. 实验的分析

本实验运行环境为搭建在 16 台 Red Hat Linux 7 操作系统上的 PC 机,用 Java 来设计和实现[48]。基于 Waxman 的拓扑生成算法 $P_e(u,v) = \beta \exp \dfrac{-l(u,v)}{L\alpha}$ 生成网络的拓扑结构。为了验证基于服务质量的对等网络簇间单播服务路由算法的有效性,随机抽选 16 台作为普通节点。这 16 个节点组成 3 个簇。节点之间的通信利用 Java RMI 机制,使用同步循环进行仿真模拟。在每轮循环中,每个节点从它的

输入队列中读取信息,然后按指定的路由规则进行处理。为了验证系统的性能,将其与 Gnutella 系统相比(选择随机组成度为 4 的 Gnutella 网络拓扑)。

在基于服务质量的对等网络簇间单播服务路由算法中设定 $\alpha = 1, \beta = 4, \lambda_1 = 0.2, \lambda_1 = 0.5, \lambda_3 = 1$,蚂蚁的数目 $m = 16, \lambda = 0.85, \rho_{min} = 0.01$。在两个系统中所有节点每两秒发送服务广告信息会产生网络阻塞,因为实验在 LAN 的环境下推导,所以两个节点之间的传送时间很短,不足以反映真正的互联网环境,因此每次传送在每两个节点之间增加 0.1 秒的延迟。图 3.5 反映了基于服务质量的分簇的对等网络路由算法和 Gnutella 的 Dijkstra 算法的广播时间和系统复制信息的关系。从图中可以看出,对任一时间间隔,基于服务质量的对等网络路由算法都比 Gnutella 的 Dijkstra 算法造成的瓶颈少。因此,基于服务质量的对等网络路由算法要比 Gnutella 的 Dijkstra 算法产生的开销要少。

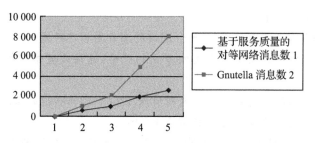

图 3.5 基于服务质量的分簇的对等网络路由算法和
Gnutella 的 Dijkstra 算法的比较

Dijkstra 算法提供了从图的一个节点到其他所有节点的最短路径,经过一次 Dijkstra 算法计算,可以得到从起点到图内被其搜索到的所有节点的最短路径,其时间复杂度为 $O(n^2)$(其中 n 为图的节点数)。在计算网络路由时,主要关心的是某两个特定节点之间的最短路径,而不是起点到其他点的情况。蚁群算法是一个增强型学习系统,具有分布式的计算特性及很强的鲁棒性。蚁群算法很适合解决复杂的组合优化问题,对等网络路由问题就是一种组合优化问题,所以本章用蚁群算法来解决对等网络路由问题。基于服务质量的对等网络路由问题采用蚁群算法求解,而 Gnutella 的路由问题采用 Dijkstra 算法解决。实验结果表明蚁群算法能相对较快地找到近似路由,并且产生的系统复制信息较少。这是由于蚁群算法是一种模拟进化算法,具有群体合作、正反馈和分布式计算等特点。群体合作是指多个主体(这里所指的主体就是蚂蚁)可以通过相互协作更好地完成寻优任务;正反馈使得该算法能很快地发现较好的解;分布式计算使得该算法易于实现并行性。

3.2.5　面向对等网络组播服务的簇间服务质量路由算法

1. 簇间多约束服务质量组播路由算法描述

在簇间对等网络组播服务中主要考虑时延问题,从而保证每个簇内的组播用户都能够满足时延要求,保证组播服务的质量。而应用层节点的连接能力一般都有限,因此需要进行度约束。因此对于簇间组播服务路由问题,应在考虑时延最小和度约束的基础上进行算法研究。

定义 3.4　节点度:节点度是指节点所能支持的子节点的最大数。满足节点度限制的组播树称为度约束组播树。

节点度是一个非负整数,其值取决于节点的出口带宽。设组播会话的传输速率为 r,节点 v 的出口带宽为 $b_v = \text{Bandwidth}(v)$,那么该节点在相应组播树 T 中的节点度 $d_T(v)$ 可通过下式计算获得。

$$d_T(v) = \max\left\{\left(\left|\frac{b_v}{r}\right|, 0\right)\right\}$$

定义 3.5　组播树延迟计算:在组播树 $T(s, M)$ 中,s 为组播树源点,$M \subseteq V$。用 $D(T)$ 来表示从 s 点到组播树的总延迟,其中 e 表示组播树的任一链路,则可得到下列公式:

$$D(T) = \sum_{e \in T} \text{delay}(e)$$

定义 3.6　带节点度约束的最小延迟组播路由问题(P2P service degree-constrained minimum latency, PSDCML):给定无向图 $G = (V, E)$,V 是对等网络服务节点的集合,E 是边(表示节点之间的逻辑连接)的集合。对 $\forall v \in V$ 节点有度约束值 $d_{\max}(v) \in N$;组播节点集 $M \subseteq V$。给定组播源点 $s \in V$,带度约束的最小延迟组播路由问题为求解一棵以 s 为源点的组播树 $T \subseteq G$,该组播树满足:

$$\min_{T \subseteq G} D(T)$$

$$s.t. \quad d_T(v) \leqslant d_{\max}(v), \forall v \in V_T$$

在上述模型中,目标函数是:寻求一棵覆盖组播源点 s 和组播节点集 $M(M \subseteq V)$ 的组播树 T,使得该组播树的延迟达到最小值。其中约束条件是组播树上的节点度不超过最大值,$v \in V_T$,$d_T(v)$ 表示组播树上任一点的节点度,其值不超过组播树的节点度的最大值 $d_{\max}(v)$。

定理 3.8　PSDCML 问题是 NP 难问题。

证明: 在图 G 中求连接 M 的最小延迟树的问题是著名的斯坦纳最小树问题,它是 NPC 问题,不能在多项式时间内找到最优解。考虑节点度约束,问题转化为有度约束的斯坦纳树问题,这是 NP 难问题。综上得证,PSDCML 问题是 NP 难问题。

PSDCML 是最小化传输延迟的组播树优化问题,由上得证 PSDCML 是 NP 难问题。文献[49-51]中针对最小化度约束组播树问题提出了一种启发式贪心算法。但该算法只考虑了从发送源到最远节点的距离优化问题,而未考虑节点度约束对组播树总体传输延迟的影响。在构造组播树时,若能同时考虑节点的度和覆盖路径,则可通过牺牲少量节点的传输效率来提高整个组播树的服务质量。受该思想启发,本章提出了一种构造最小化度约束组播树延迟的启发式算法。

基于应用层组播的数据分发通过节点间的协作来完成。在度约束最小的组播树算法中,大多假设所有组成员节点的度都大于等于 2。但在实际系统中,并不能保证所有应用层节点都有足够的带宽用于同时支持数据的接收和发送。事实上,组播树的叶子节点只需要一个节点度来接收数据。因此,即使系统中存在节点度为 1 的节点,也有可能构造出符合约束条件的目标树。为此,首先给出度约束生成树问题存在可行解的充要条件。

定理 3.9 对于给定的无向完全图 $G=(V,E)$,$|V|=n$,设节点 i ($i \in V$) 的度约束为 d_i,那么存在满足度约束的最小组播树的充要条件是 $d_i(T) \geqslant 1$ 且 $\sum_{i=1}^{n} d_i \geqslant 2(n-1)$。

证明:

必要性。由 n 个节点组成的组播树总共有 $n-1$ 条边,每条边连接两个节点 (即消耗两个节点度)。因此,整个组播树总共需要 $2(n-1)$ 个节点度,即得到 $\sum_{i=1}^{n} d_i \geqslant 2(n-1)$。同时,由于每个节点都必须与组播树相连,故必须有 $d_i(T) \geqslant 1$。

充分性。假设 $d_i(T) \geqslant 1$,且 $\sum_{i=1}^{n} d_i \geqslant 2(n-1)$ 成立。当 $n=2$ 时,此时的组播树为连接两节点的一条边。当 $n>2$ 时,假设节点 i 具有最小的度约束 d_i。若 $d_i=1$,那么其余 $n-1$ 个节点的度约束之和必然满足 $\left(\sum_{i=1}^{n} d_i\right) - d_i \geqslant 2n-3$。如果 $d_i \geqslant 2$,那么对 $0<i<n$ 且 $i \neq n$ 有 $d_i \geqslant n$,此时也有 $\left(\sum_{i=1}^{n} d_i\right) - d_i \geqslant 2n-3$。因此,可利用剩余的 $n-1$ 个节点构造组播树,并且总共需要 $2n-4$ 个节点度。该树中必定有一个节点至少有一个空闲度,节点 i 连接到该节点后将形成一个覆盖所有 n 个节点的组播树,故该条件为充分条件。

该定理得证。

2. PSDCML 求解算法

在实际构造总体延迟最优化的组播树时,通常面临两个问题:一方面,越接近树根的边将影响越多节点的传输延迟,因此应优先选取与发送源间传输延迟较低的节点加入组播树;另一方面,若只考虑延迟而忽略节点度大小,则可能会因组播树上游节点的可用度过小而增加组播树的深度,最终导致组播树总体传输延迟增加。因此,PSDCML 构造算法应综合考虑节点的度约束和传输延迟,通过这两个因素来确定节点在组播树中的相对位置。因此,节点加入组播树的优先级应与节点的度约束成正比,与节点距数据源的距离成反比。

针对簇间度约束的优化目标,簇间约束服务质量组播路由算法的实现过程如下。

① 在初始状态,假设已有 m 个节点向数据源 s 提出数据服务请求,这 m 个节点构成集合 M。为实现基于节点协作的数据传输,必须将这些节点组织成一个应用层组播树。PSDCML 构造算法应综合考虑节点的度约束和传输延迟,通过这两个因素来确定节点在组播树中的相对位置。节点加入组播树的优先级应与节点的度约束成正比,与节点距数据源的距离成反比。

② 在满足组播节点度限制的条件下,利用最短路径算法,从组播源点开始,依次将所有组播节点加入,从而构成一棵覆盖所有组播节点并且满足服务质量要求的组播树。

定义 3.7　PSDCML 启发式算法维护 3 种类型的节点集。其中集合 M_a 由所有已加入组播树但仍有冗余度的节点组成,初始时 $M_a = \{s\}$;集合 M_o 包括所有尚未加入组播树的节点,算法执行前 $M_o = M$;集合 M_f 保存所有已加入组播树但不再有可用度的节点,初始化时 $M_f = \varnothing$。

算法执行期间,集合 M_a、M_o、M_f 自始至终为互斥集且满足下述关系:

$$M_a \cup M_f \cup M_o = \{s\} \cup M$$

下面先给出节点到组播树的最短距离的定义。

定义 3.8　节点到组播树的最短距离:任一非树内节点 $u(u \in M_o)$ 到组播树 T 的最短距离 $q(u,T)$,可通过下式表示:

$$q(u,T) = \min\{d(e(u,v))\}$$

T 是当前建立的树,u 表示不在树上的节点。算法每次迭代都寻找不在树上的节点中到树的时延距离最小的节点并将其加入树中。

通过下式确定候选节点的优先级。

$$p_r(i) = a * \frac{q_{\min}}{q} + (1-a) * \frac{d_i(T)}{d_{\max}} \qquad \forall i \in M_o \qquad (3.7)$$

其中 $a(0 < a < 1)$ 为一个常数,用于协调传输延迟和节点度约束的权重。

针对优化目标,提出了一种构造并初始化 PSDCML 的启发式算法。

算法 3.1　描述了 PSDCML 启发式算法的伪代码,为便于描述,算法中令 $V = \{s\} \cup M$。

算法 3.2　PSDCML 启发式算法

输入:图 G,其中源节点 s,边权函数 $d: E \to R^+$,$d(e)$ 表示的每条边的通信延迟,对 $\forall v \in V$ 节点有度约束值 $d_{\max}(v) \in N$,它在树中的度 $d_T(v)$ 是个变量。

输出:树 $T(s)$。

待求树 T 置为 ϕ,将源节点 s 加入树 T 中,置 $d_T(s)=1$,其余节点的 $d_T=0$;将节点分为 $M_a=\{s\}$,$M_o=M$,$M_f=\phi$,$M_a U M_o U M_f=\{s\} U M$。

```
for i=0 to N
{
    While (M₀≠φ)
        {
            在 M₀ 中选择节点 u,满足公式(3.7);
            将节点 u 和边 d(e)加入当前树 T 中,给 u 和 v 的节点度值都加 1;
            将节点 u 从 M₀ 中删除;
        }
}
end
```

算法的时间复杂度计算

定理 3.10 PSDCML 启发式算法总运行时间为 $O(|v|^3)$。

证明:在组播树初始化过程中,每个节点加入组播树后,都需要重新计算 M_o 中的所有节点到组播树的最小时延距离。该更新过程需要通过二重循环来完成,因此所需的时间复杂度为 $O(|v|^2)$。由于初始化阶段总共有 v 个节点需要加入组播树,故算法运行的累计时间复杂度为 $O(|v|^3)$。

3. 算法实验分析

为了验证 PSDCML 算法的正确性和有效性,将 PSDCML 算法与 Prim 算法都进行仿真实验及结果分析比较。采用 BRITE 工具生成仿真实验的网络拓扑图,网络拓扑的生成基于 Waxman 模型的拓扑生成算法。在本次仿真实验中,网络有如下属性:边的时延代价在 $[1,8]$ 上均匀分布;平均每个节点的度数 $d(v_i)=3$,$\alpha=0.15$,$\beta=0.2$;其中具有组播功能的节点占全部网络节点数的 20%,均匀分布在网络中;每个节点所连接的应用层节点权值 $w(i)$ 在 $[0,5]$ 上均匀分布。网络节点的数目从 10 逐渐增加到 50 个,每种情况下的比较实验均进行 20 次,取其平均值作为最后的结果,以保证结果的正确性。仿真结果如图 3.6 所示。

图 3.6 给出了在相同网络规模下,PSDCML 算法与 Prim 算法所求得的组播树所有链路的时延代价总和。从图中可以看出,PSDCML 算法能够有效降低组播树的总体代价,这是因为此算法在存在多条最短路径的条件下,选取节点间共享链路多的路径,从而提高了整体网络带宽的利用率。另一方面,随着网络规模的增加,PSDCML 算法性能显现得更明显,这是因为节点越多,可选的最短路径也在增多,共享链路也在增长,从而提高网络链路利用率。

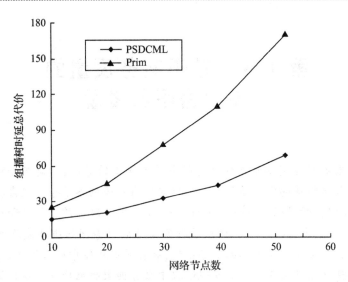

图 3.6　组播树时延代价与节点数目关系

3.3　本章小结

本章首先建立了基于分簇的面向对等网络服务的路由模型,并且详细论述了面向对等网络服务的路由模型的基本命名方式和维护算法。然后分别讨论了面向对等网络服务的簇内和簇间服务质量路由模型。在面向对等网络服务的簇内服务质量路由算法中,主要分析了簇内单播服务质量路由和簇内组播服务质量路由。在面向对等网络服务的簇间服务质量路由算法中,主要研究了簇间单播服务质量路由和簇间组播服务质量路由算法。

第4章　基于服务质量的
对等网络服务发现

　　目前的对等网络服务缺乏对服务质量保证的考虑,不能充分利用某些网络节点特殊的服务质量属性。针对现有对等网络服务发现存在的问题,为了提高对等网络服务发现的效率,结合网络服务质量属性和对等网络自身特点,本章提出了一种基于服务质量的对等网络服务发现算法模型。首先定义了对等网络的服务描述,并在服务描述中引入语义信息,利用这些语义信息来提高服务发现过程中服务匹配的准确性。在此基础上建立了保证服务质量的对等网络服务发现模型,并给出了对等网络服务发现问题的遗传求解算法。最后,通过实验分析了该服务发现算法的可行性和有效性。

4.1　基于服务质量的对等网络服务的描述

4.1.1　对等网络服务的服务质量特性

　　对等网络服务是一种基于对等网络环境的自包含、自描述、模块化且具有良好互操作能力的新应用,可以通过网络发布、定位和调用。近年来,随着对等网络服务标准的持续完善以及支撑对等网络服务的企业级应用平台的不断成熟,越来越多的企业和商业组织参与到软件服务化的行列中来,纷纷将其业务功能包装成对等网络服务发布出去,以实现快速、便捷地寻求合作伙伴,挖掘潜在客户和增值业务的目的。对等网络服务在商业、金融和旅游等领域得到了广泛应用,随之而来的是发布在网络上的服务呈现出爆炸性增长的趋势,这也使得如何以快速、准确和高效的方式选择目标服务成为一个迫切需要解决的问题。

　　有研究人员指导性地给出了服务质量评价模型中应包括的因素,具体包括费用(cost)、时间(time)和可靠性(reliability)。还有学者提出了一个服务质量模板的概念,这个模板中服务质量的评价因素包括费用、时间等。同时,这个模板支持用户按需设置各质量因素的权值,具有良好的个性化和可扩展性。有学者详细地描述了评价 Web 服务质量应考虑的因素,包括价格(price)、时间(duration)、声誉

（reputation）、可用性（availability）和成功率（successful rate）。并且将服务质量模型应用于组合服务的选取中。

通过研究分析对等网络各种系统的服务质量,由于分析问题的角度不同,一些服务质量特性可以归属于多个类别;同时类别的划分也并非完全互斥,这一点在可扩展性这一类别上有所体现。可扩展性的服务质量问题并不是一些全新的问题,而是侧重于考察在网络大小或系统负载等因素发生变化时,其他类别中的服务质量特性如何相应地变化。根据对等网络服务的特点,本章提出的对等网络服务的服务质量描述模型主要包括以下参数:响应时间、声誉、成功率、可靠性和价格。

4.1.2　对等网络服务的服务质量度量参数

下面将介绍对等网络服务的 5 种服务质量度量的概念并给出量化定义,这些度量包括响应时间、声誉、成功率、可靠性和价格。

$$Q_{ij}^t = (Q_{ij}^t. \text{ duration}, Q_{ij}^t. \text{ reputation}, Q_{ij}^t. \text{ suc}, Q_{ij}^t. \text{ reliability}, Q_{ij}^t. \text{ price})$$

（1）响应时间

响应时间（Time）,对于对等网络服务,本章定义为用户从提交服务请求到获得服务响应占用的时间,包括服务时间和通信开销。响应时间由服务实际运行时间 T_{run} 和服务通信时间 T_{com} 部分组成。总的响应时间计算为

$$Q_{ij}^t. \text{ duration} = T_{\text{com}}(q_{ij}^t) + T_{\text{run}}(q_{ij}^t)$$

（2）声誉

$Q_{ij}^t. \text{ reputation}$ 表示用户对服务的信任度。该标准主要依赖用户的经验和评价,故可定义为用户的平均评价级别。

$$(Q_{ij}^t. \text{ reputation})_n = \frac{\sum_{k=1}^{n-1} (Q_{ij}^t. \text{ reputation})_k}{n-1}$$

$$(Q_{ij}^t. \text{ reputation})_{n+1} = \frac{n-1}{n}(Q_{ij}^t. \text{ reputation})_n + \frac{R_n(Q_{ij}^t)}{n}$$

（3）成功率

$$(Q_{ij}^t. \text{ suc})_n = \frac{\sum_{k=1}^{n-1} \delta(Q_{ij}^t)_k}{n-1}$$

$$\delta(Q_{ij}^t)_k = \begin{cases} 1 \\ 0 \end{cases}$$

（4）可靠性

$$Q_{ij}^t. \text{ reliability} = \frac{mttf(Q_{ij}^t)}{mttr(Q_{ij}^t) + mttf(Q_{ij}^t)}$$

（5）价格

$Q_{ij}^t.$ price 的价格定义为服务提供者对操作 q_i^t 的定价。

4.1.3　基于服务质量的对等网络服务的描述

根据对等网络服务的服务质量定义，这里把一个服务看作一个操作，所有的内部过程被屏蔽，对外暴露的只有它的输入和输出接口[52]。因此，可以将对等网络服务和对等网络服务请求定义为如下形式。

定义 4.1　对等网络服务是对服务所支持的一个操作的抽象描述，可以表示为一个三元组 $PS = (N, In, Out)$，其中：

①N 表示服务名称，为服务的唯一标识。

②$In = \{In_1, In_2, \cdots, In_k\}$ 是服务的输入集合。

③$Out = \{Out_1, Out_2, \cdots, Out_l\}$ 是服务的输出集合。

定义 4.2　服务请求是对接口需求的抽象描述，可以表示为二元组 $PSR = (I, O)$，其中：

①$I = \{I_1, I_2, \cdots, I_m\}$ 是可以提供的输入集合。

②$O = \{O_1, O_2, \cdots, O_n\}$ 是需要的输出集合。

定义 4.3　基于服务质量的对等网络服务是对服务所支持的一个操作的抽象描述，可以表示为一个四元组 $PSQ = (N, In, Out, Q)$，其中：

①N 表示服务名称，为服务的唯一标识。

②$In = \{In_1, In_2, \cdots, In_k\}$ 是服务的输入集合。

③$Out = \{Out_1, Out_2, \cdots, Out_l\}$ 是服务的输出集合。

④Q 表示服务的服务质量因素，$Q = \{q_1, q_2, \cdots, q_k\}$ 为服务的质量属性。

定义 4.4　基于服务质量的对等网络服务请求是对接口需求的抽象描述，可以表示为三元组 $PSR = (I, O, Q)$，其中：

①$I = \{I_1, I_2, \cdots, I_m\}$ 是可以提供的输入集合。

②$O = \{O_1, O_2, \cdots, O_n\}$ 是需要的输出集合。

③Q 表示服务的服务质量因素，$Q = \{q_1, q_2, \cdots, q_k\}$ 为服务的质量属性。

定义 4.5　对等网络原子服务是通过一次交互完成的服务，可以看作一个原子的、不可分解的流程。

定义 4.6　对等网络合成服务是由多个子服务组合而成的服务。

4.2　基于服务质量的对等网络的服务发现的方法及类型

4.2.1　对等网络的服务发现方法

基于对等网络的服务发现方法与目前其他各类传统服务发现方法相比，其最大优势在于应用了先进的对等服务发现理念,可不通过给定的中央服务器,也可不受信息文档格式和宿主设备的限制,对互联网进行全方位的服务发现。对等网络模式中节点之间的动态且对等的互联关系使得服务发现可以在对等节点之间直接、实时地进行,这既可以保证服务发现的实时性,又可以达到传统目录式服务发现引擎无可比拟的深度,理论上可涵盖网络上所有开放的信息资源。以 Gnutella 为例,一台 PC 上的 Gnutella 软件可将用户的服务请求同时发送给网络上另外 10 台 PC,如果服务请求未得到满足,这 10 台 PC 中的每一台都会将该服务请求转发给另外 10 台 PC。这样,服务发现范围将在短时间内以指数级增长,短时间内即可搜遍几百万台 PC 上的信息资源。

对等网络的服务发现主要有两种方式[53]:一种是由服务提供者发布所提供资源的描述,然后由服务需求者在需要时从众多服务描述中选取所需服务;另一种是由服务需求者发布对所需服务的描述,然后由服务提供者来匹配需求并响应需求者。具体实现方法可根据服务发现与服务内容的相关性分为内容无关服务发现和基于内容的服务发现。在内容无关服务发现中,服务的存放和服务发现与服务的内容无关,如中央索引模型、泛洪请求模型等。基于内容的服务发现主要是基于 DHT 的服务发现。Napster 是使用中央索引模型作为服务发现方法的一个典型系统。中央索引模型的优点在于服务发现速度比较快,并且服务发现全面;其他对等点可以动态地将信息传至服务器,所以索引更新的速度也比较快;服务发现过程中所需要的消息量小,节省了网络带宽。其缺点在于中央服务器的能力限制了节点的数量,导致系统的可伸缩性不够;并且一旦中央服务器失效,整个系统就无法运行,容错性不高。泛洪请求模型的提出就是为了解决中央索引模型存在的问题。Gnutella 就属于这种类型的系统。泛洪请求模型有效地解决了中央索引模型的一些弊端,提高了系统的伸缩性,并且不会因为某个节点失效导致整个系统失效,容错性更高,但同时也带来一些问题。由于采用应用层广播的协议,消息量过大,网络负担过重,无法得知整个网络的拓扑结构或组成网络的各对等点的身份。新的对等点进入网络时,系统必须向这个对等点提供一个对等点列表。但对等网络的强动态性决定了这个对等点列表不可能长时间有效。为了避免泛洪请求模型中大量盲目的消息交换,出现了基于内容的服务发现。基于内容的服务发现方法的最大优点在于避免了泛洪请求模型中大量的消息交换,从而减轻了网络负载,而且路由更具有目的性,提高了服务发现效率。但在这类系统中,尚未实现对多个属性描述资源的映射和服务发现。

目前,对等网络服务作为网络上信息处理能力的一种抽象形式受到了广泛关注。服务发现技术是指网络中节点自动获取其他节点提供的服务的相关信息的机制。然而,网络环境的动态性、异构性、地理分布性、开放性、可扩展性和不确定性,使得设计一种保证服务质量的服务发现算法面临挑战,如何获取有服务质量保证的服务资源成为当前服务发现领域研究的一个热点[54]。

现有的服务发现模型主要解决下面两个难题:一是如何准确、细致地刻画服务能力,从而支持用户需求与服务描述之间更精确的匹配;二是如何存储、索引、交换服务元数据,既保证服务发现的搜索广度,又将搜索时间限定在用户可接受的范围内。服务发现的研究者引入了多种语义模型,借助本体和描述逻辑等逻辑推理系统,增强了服务描述信息的机器可理解性,支持用户需求和服务能力之间的逻辑推理匹配。

然而,由于对有质量保证的服务资源的需求日益增长,现有的服务发现模型仍然存在以下几个主要问题。

①没有充分考虑服务节点的动态性、不确定性等特征,缺少对服务资源质量属性的描述,因此在服务选取时存在一定的不准确性。

②目前广泛采用的基于关键字的服务发现机制,并未提供对语义描述的支持,这在很大程度上影响了对等网络服务发现的效率及准确率。对于用户来说,通过现有的服务发现模式很难查找到满意的服务。

③现有的模型大多是在服务功能描述上查找与目标相匹配的服务,没有更深入地利用相关的服务质量信息对搜索出来的服务进行进一步的标注和选取,其发现策略具有一定的盲目性。特别是在对等网络中,服务节点在加入和退出时具有较大的随意性,且不能保证服务节点提供的服务质量可靠。

本章针对现有模型出现的问题,结合服务质量属性和对等网络特点,提出一种基于服务质量的对等网络服务发现算法。首先,在研究 Web 服务的基础上结合语义 Web 技术[55]定义基于服务质量的对等网络服务描述,并在服务描述中引入语义信息,在服务发现过程中利用这些语义信息来提高服务匹配的准确性[56-57]。其次,由于本章构建的对等网络服务网络是分簇的,所以基于服务质量的对等网络服务发现过程分为簇内的服务发现和簇间的服务发现两个阶段,以保证选取有质量保证的服务,为服务组合提供良好的基础。然后,从理论上分析了服务发现算法的性能。

4.2.2　基于服务质量的对等网络的服务发现类型

根据文中建立的基于分簇的对等网络路由模型,基于服务质量的对等网络服务发现从簇内和簇间两方面实现,其主要实现过程如下。

(1)簇内基于服务质量的对等网络的服务发现

当某个对等网络节点接收用户的查询服务请求后,根据用户提供的服务信息 SR,在节点自身所属的簇内将消息(Node,SR)发布到对等主干节点上,对等主干节点将该消息发送给整个簇内节点,然后簇内每个节点按对等网络服务的匹配方式检查该节点是否有用户请求的服务,若有,则将结果返回给服务请求者。若没有找到与用户请求的服务匹配的节点,则对等主干节点将用户请求的服务转发至簇间,即转向(2)。

(2)簇间基于服务质量的对等网络的服务发现

当簇内没有发现用户请求的服务时,则在簇间核心节点间进行服务的匹配,直到发现用户请求的服务,并将结果返回给请求服务的用户。

4.2.3　基于服务质量的对等网络服务匹配方法

(1)基于服务质量的对等网络服务匹配类型

对等网络服务发现的问题实质是用户请求的服务描述与网络所提供的服务描述之间的匹配问题。可作如下定义。

定义 4.7　对等网络服务匹配类型

采用数值计算方法度量请求 SR 和网络提供的服务 SQ 的相似程度,称为松弛匹配。

本体概念间的语义相似度计算是基于语义的服务匹配问题中服务与请求相似度计算的基础。本章采用的两个概念间相似度的计算公式[58]如下。

$$\text{Simcc}(C_1, C_2) = \begin{cases} e^{-al} \dfrac{e^{\beta h} - e^{-\beta h}}{e^{\beta h} + e^{-\beta h}}, & C_1 \neq C_2 \\ l, & C_1 = C_2 \end{cases}$$

其中,l 表示两个概念间最短路径的长度;h 表示两个概念在树中最近的相同父辈概念的高度;$\alpha, \beta \geq 0$ 是调节因子。公式表明,两个概念的相似度随 l 的增加而递减,随 h 的增加而递增。

(2)基于服务质量的对等网络服务匹配层次

传统语法级服务描述采用关键字匹配,主要针对服务名称和服务功能,因此查准率较低。本章服务请求者的需求是多层次的,不仅要考虑对等网络的服务描述模型中的服务名称和功能,还要考虑服务质量属性。按是否涉及服务匹配的严格程度,将服务匹配分为基本匹配、基调匹配和规约匹配三个层次,可进行如下定义。

定义 4.8　设有请求服务描述 SR 和网络提供服务描述 SQ,则 SR 和 SQ 的服务匹配

$$\text{match}(SR, SQ) = \text{match}^{bas}(SR, SQ) \wedge \text{match}^{sig}(SR, SQ) \wedge \text{match}^{spe}(SR, SQ)$$

其中基本匹配 $\text{match}^{bas}(SR, SQ)$ 表示比较两服务的服务名字描述的相关性;基调匹配 $\text{match}^{sig}(R, P)$ 表示比较两服务的输入(输出)的相关性;规约匹配 $\text{match}^{spe}(R, P)$ 表示比较两服务的服务质量的相关性。

由定义 4.8 可知,基于服务质量的对等网络服务匹配是一个逐步精化过程:经由基本匹配筛选的候选服务再参与基调匹配,合格的服务进一步参与规约匹配。这就可以满足服务请求者不同层次的需要。另一方面,这三个匹配层次采用的算

法可以是互相独立的,其匹配类型可以不同。

4.3　簇内基于服务质量的对等网络服务发现

(1)簇内服务发现问题模型的形式化描述

根据基于服务质量的对等网络服务的描述,在研究其服务发现问题时,需要考虑发现一个服务的路径代价和该服务的成本代价。为了给出该模型的形式化描述,给出如下定义。

假设节点提供的服务的集合为 PS,则 $PS = \{ps_1, ps_2, \cdots\}$, $ps \in PS$, ps 是 PS 中特定的服务。

定义 4.9　服务标志函数(the function of service flag)用来表示该节点上是否有所需的服务。

$$x: V \rightarrow \{0, 1\}, \quad x_{ps}(v) = \begin{cases} 1 & \text{节点 } v \text{ 发现 } ps \text{ 服务} \\ 0 & \text{节点 } v \text{ 没有发现 } ps \text{ 服务} \end{cases}$$

定义 4.10　服务代价函数(the function of service cost)

$$f: V \rightarrow [0, \infty], \quad f_{ps}(v) = \text{节点 } v \text{ 运行服务 } ps \text{ 的代价}$$

定义 4.11　服务发现标志函数(the function of service discovery flag)

$$x_{ps}(v) = \begin{cases} \text{某个整数}, & \text{在节点 } v \text{ 发现服务 } ps \\ 0, & \text{在节点 } v \text{ 没有发现服务 } ps \end{cases}$$

定义 4.12　簇内服务发现的问题(cluster service discovery problem, CSDP)

给定对等网络结构 $G = (V, E)$,其中,V 表示对等网络服务节点的集合,E 表示对等网络服务节点的链路的集合。簇内服务发现问题就是通过搜索用户请求的服务,找到用户所需的服务,并使得服务发现的代价最小。$p(s, d)$ 表示从对等网络内任一点出发到节点 d 发现服务所经过的路径。CSDP 问题可形式化表示为如下优化模型

$$\operatorname*{Min}_{v \in V}\{x_{ps}(v) * f_{ps}(v)\}$$

$$\text{s. t.} \begin{cases} x_{ps}(v) > 0 \\ \text{delay}(p(s, d)) \leqslant d^{req} \\ l_{p(s, d)} \leqslant N - 1 \end{cases}$$

综上所述,模型求解目标是使服务发现所需的代价 $\{x_{ps}(v) * f_{ps}(v)\}$ 最小。其中,第一约束条件表示从 s 出发到 d 点总能找到所需的服务 ps, $ps \in PS$, ps 是 PS 中特定的服务;第二约束条件表示发现服务所经路径的延迟 delay$(p(s, d))$, delay$(p(s, d))$ 总体延迟不超过用户的需求的延迟 d^{req};第三约束条件表示发现服务时需要经过足够数量的链路,$l_{p(s, d)}$ 表示发现服务总路径长度。

(2)CSDP 问题的遗传求解算法

文献[59-60]提出一种遗传算法,主要解决如何找出一组链路来连接通信节点,使得所选路径的代价(或时延)最小化,且满足网络容量的约束条件。遗传算法是一种高度并行、随机和自适应的优化算法,它将问题的求解表示为"染色体"的适者生存过程,通过染色体群一代代不断进化,包括选择、杂交、变异等操作,最终收敛得到"最适应环境"的个体,从而求得问题的最优解或满意解。遗传算法是一种通用的优化算法,不受限制性条件的约束,具有隐含并行性和全局解空间搜索等显著特点。下面将运用遗传算法求解簇内服务发现的问题[61]。

求解 CSDP 问题的遗传算法如下。

①群体初始化。给定一个源节点和一个目的节点,群体中的每个染色体代表一条路径。初始群体随机生成。首先,对每个目的节点 $d \in D$,找出源节点 s 到 d 的所有能够发现服务的路径,即 $x_{ps}(v) > 0$;然后对每个目的节点 $d \in D$,利用 Dijkstra 第 k 最短路径算法找出源节点 s 到 d 的所有能够满足最大时延限制的路径组成路径集,将选出的路径作为遗传算法编码空间的备选路径集。设 Q_v 为目的地为 v 的路径的集合,则 $Q_v = \{P_v^1, \cdots, P_v^j, \cdots, P_v^k\}$,其中 P_v^j 为目的地为 v 的第 j 条路径。然后从每个路径集中任选一条路径,将其作为初始群体的染色体。显然,这样选出的路径能够找到所需的服务。

②适应度函数。对于每条路径,适应度函数定义为发现服务的代价的倒数,即

$$f(P) = \frac{1}{\sum\limits_{v \in V} x_{ps}(v) * f_{ps}(v)}$$

③选择。选择操作采用最优解保存法。首先,使用适应度比例法进行选择;然后将当前群体中适应度最高的个体直接复制到下一代群体中。各个个体的选择概率和其适应度值成比例,个体适应度越大,其被选择的概率就越高。设群体大小为 n,个体 v 被选择的概率 p_v 为

$$p_v = \frac{f(v)}{\sum\limits_{v=1}^{n} f(v)}$$

④下一代群体生成。交叉操作采用相同链路保留的方法,变异算子采用位变异。假设给定两个父代路径 p_f 和 p_m,通过交叉操作生成子代路径 p_c。既然 p_f 和 p_m 被选中,说明它们的适应度值都比较高,那么它们所共有的链路部分应该是造成它们适应度都比较高的主要因素,代表了父代的优秀特征。对于 p_f 和 p_m 中不同的链路部分,在备选集中重新选择,这样就构成一条完整的路径。

CSDP 问题的算法伪代码描述如下。

输入:给定源点 s 和目的点 d,n 为群体的大小,N 为运行的代数。

输出:最后输出适应度值最大的染色体,即为服务发现代价最小的路径。

```
      Begin
    For v=1 to m
        ∑ x_ps(v)>0;
       v∈V
        P_v^j=Dijkstra(v);
    Q_v={P_v^1,…,P_v^j…,P_v^k} //选出备选路径集
        IF Q_v=φ then end;//若是空集,算法结束;否则继续
            For v=1 to n
                Pop(v)=random(Q_v);//群体初始化
                Fitness(Pop);//计算适应度函数值f(P)
                Statistics(Pop);//找出适应度最大的染色体
  For gen=1 to N-1
      Oldmax=MAX;
     Forv=1 to n
      p_f=Sel(Pop);p_m=Sel(Pop);//选择两个父代染色体
    Newpop(v)=Cross(p_f,p_m);//进行交叉,变异
        Fitmess(Newpop(v));
        Statistics(Newpop);
    IF(MAX<Oldmax)  then
     Copy Pop(Oldmax) to Newpop(Minpp);//保留上一代的最优个体
       Statistics(Newpop);
       Pop=(Newpop);
OutputPop(MAXPP);
END
```

(3)求解算法的性能分析

定理 4.1　在具有多个约束($m \geqslant 2$)的对等网络拓扑图中,对于给定服务质量请求的服务发现,如果存在所需的服务,则该算法能够在足够大的遗传群体与足够多的进化代数下搜索出所需的服务。

证明:因为外部集内的个体均符合约束条件,将它们加入下一代群体,算法中步骤④相当于选择后保留当前最优解。其中交叉概率 p_c 和变异概率 $p_m \in (0,1)$,在足够大的群体规模和足够长的迭代次数情况下,大量交叉可发现优秀的解,变异机制搜寻出的服务可囊括网络拓扑图中的每个节点,保证了搜索的范围。同时按个体适应度占群体适应度的比例进行复制。标准遗传算法收敛性的研究表明,如果存在所需的服务,则该算法能够在足够大的遗传群体与足够多的进化代数下搜索出所需的服务。

证明完毕。

定理 4.2　求解算法的时间复杂度为 $O(kSS'G+N^2S(1+P_mG))$。

证明：求解算法的时间复杂度的计算包括遗传算法迭代的复杂度和使用 Dijkstra 算法计算最短路径的复杂度两部分。遗传算法比较个体之间的相对优劣关系，将所有约束条件定标为一个统一的约束违反程度函数，可认为等同于增加一个子目标项。假设子目标数目为 m，则对于规模为 S 的群体要进行 $O((k+1)S)$ 次的比较。优劣比较是在外部集内的个体（有 S' 个）之间进行的，因此共发生 $O((k+1)SS')$ 次。进化代数为 G，则遗传迭代的复杂度为 $O(kSS'G)$。

对于对等网络大小为 N 的拓扑图，由于 Dijkstra 算法的时间复杂度为 $O(N^2)$，初始群体的形成需要执行 S 次，则起始个体共需时间 $O(N^2S)$；进化过程中每实施一次变异操作，需要执行一次 Dijkstra 算法，则当变异概率为 p_m 时，所需时间为 $O(N^2Sp_mG)$。执行 Dijkstra 算法所需的复杂度为 $O(N^2S(1+p_m)G)$。

以上可证得求解算法的时间复杂度为 $O(kSS'G+N^2S(1+P_m)G)$。

4.4　簇间基于服务质量的对等网络服务发现

当簇内没有发现用户请求的服务时，则在簇间核心节点间进行服务的匹配，直到发现用户请求的服务，并将结果返回给请求服务的用户。簇间基于服务质量的对等网络服务发现采用基于内容的服务发现方法。基于内容的服务发现方法的最大优点在于避免了泛洪请求模型中的大量消息，这样既减轻了网络负载，又使服务发现更具有目的性，提高了服务发现效率。在进行簇间的服务发现时，用户必须明确知道所需服务资源的唯一标识才能进行散列并迅速找到该服务。为了解决这个问题，将每个簇的对等主干核心节点通过 DHT 网络组织在一起，基于 Chord 算法进行服务发现。通过将服务请求进行散列来获得独一无二的服务请求的标识符。基于内容的发现主要算法如下。

```
Public class Node
{
    //标识节点所属簇的 ID
    Private String ClusterID
    //标识节点的簇内 ID
    private String ID;
    //节点所属分类:1、normal 2、core 3、backup
    private String category ;
    //节点服务质量
```

```
Private Class 服务质量
  {
  Private float Duration;//响应时间
  Private float Reputation;//声誉
  Private float suc;//成功率
  Private float reliability;//可靠性
  Private float price;//价格
  }
}

  //将服务发现算法定义为 SDA
  //NODE 为接收用户查询服务请求的节点
  //CLUSTER 为节点所在的簇
WebServiceList SDA(query,Node,Cluster)
{
Int Flag=0;//标识用户是否收到节点返回的服务
  If(Node.Category==normal)
{
    SendSRToCore();
SendSRToAll();
}
Else if(Node.Category==core)
  Step:
SendSRToAll();
Foreach Node in Cluster
{
  Switch(Node.Category)
  {
    Case:"normal":
        If(Match(normal,query)==1)
        {
        SendSQ();
        Flag=1;
        }
      Break;
    Case:"core":
```

```
        If(Match(core,query)==1)
          {
          SendSQ();
          Flag=1;
          }
      Break;
  Case:"normal":
      If(Match(backup,query)==1)
      {
          SendSQ();
          Flag=1;
          }
      Break;
  Default break;
      }
  If(Flag==0)
{
  SendSRToAnotherCore();
  Goto Step;
}
    }
}
```

4.5　本章小结

　　本章描述了基于服务质量的对等网络服务定义,提出了基于服务质量的对等网络服务发现方法,并且详细描述了簇内和簇间的服务发现算法。目前的对等网络服务缺乏对服务质量保证的考虑,不能充分利用某些网络节点特殊的服务质量属性。针对现有对等网络服务发现的问题,为提高对等网络服务发现的效率,结合服务质量属性和对等网络特点,本章提出一种基于服务质量的对等网络服务发现算法模型。首先定义了基于服务质量的对等网络服务描述,并在服务描述中引入语义信息,利用这些语义信息来提高服务发现过程中服务匹配的准确性。在此基础上建立了服务质量保证的对等网络服务发现模型,并给出了对等网络服务发现问题的遗传求解算法。最后,通过实验分析了服务发现算法的可行性和有效性。

第 5 章　基于服务质量的对等网络服务组合

本章探讨了服务组合的概念,研究了对等网络服务组合问题。上一章对对等网络环境下的服务发现问题进行了研究,提出了基于服务质量的对等网络服务发现模型。在此基础上,本章对对等网络环境下有服务质量保证的服务组合过程进行了描述,提出了基于服务质量的对等网络服务组合模型,实现了基于服务质量的服务组合优化算法。

5.1　服务组合的研究

目前服务组合研究热点主要集中于 Web 服务组合。随着人们对对等网络服务应用的要求不断提高,提供增值功能的对等网络服务组合得到了广泛的重视。如何在大量相同功能的对等网络服务中选取一组服务,使得组合服务具有良好的质量、较高的用户满意度已经成为一个需要解决的关键问题。

许多文献中提到"服务组合",但是目前并没有关于服务组合的定义。有学者认为服务组合是指将若干个 Web 服务合并起来提供增值服务的过程[62-64]。目前对服务组合的研究大致可以分为基于工作流程的服务组合方法、基于组件合作的服务组合方法和基于智能的服务组合方法。

(1)基于工作流程的服务组合方法

基于工作流程的服务组合是构建在一组静态或动态确定的组件服务之上的工作流程[65]。因此,基于流程的方法是一种简单的服务组合模型,易于理解。目前多数相关国际标准支持基于业务流程的服务组合,如 BPBL4WS(商业流程执行语言)[66]、业务流程建模语言(business process modeling language,BPML)[67]等。某些研究借鉴了工作流建模理论的成果,通过服务组合模型与形式化建模方法,如在 Petri 网[68]、自动机或时态逻辑等形式化工具之间建立映射关系,从而为服务组合增强模型性质分析和验证的能力。

基于工作流程的服务组合方法的特点是建模时多依赖于开发者对问题的理解,自动化程度不高;模型与运行系统的映射直观,实现相对简单,实用化程度高。

（2）基于组件合作的服务组合方法

基于组件合作的服务组合方法[69]通过描述组件服务之间的消息编排（消息交换序列）来建模服务组合。这种方法主要应用于电子商务领域中对商业协议的描述，通过描述服务组合中各个参与者之间遵循的消息交互规范就可以定义它们的合作行为，在组合时每个参与者引用组合描述并声明自己的角色。如ebX1[70]中的业务过程规范模式（business process specification schema，BPSS）提供了描述多方参与的组合中各方之间通过消息交换实现的合作过程的基本框架。这种组合方法着眼于消息交换行为，描述多方参与的协作过程是一种较为直观的建模组合服务的方法。同时，该方法与 CCS（通信系统演算）等描述并发进程间通信的形式化手段能够建立直观的映射，从而支持组合模型行为性质的分析。但是由于组合服务模型定义了组件服务的行为，修改组合服务模型意味着组件服务行为设计的变更，因此它的灵活性相对较差，不太适宜描述动态的服务组合场景。虽然组件合作的服务组合方法可以看作分布构件组装的一种扩展，但是由于目前基于分布构件的运行系统并不直接支持构件交互协议的描述和执行，因此该方法的运行系统支持较弱，实用化程度不高。

（3）基于智能的服务组合方法

基于智能的服务组合方法将经典的人工智能（artificial intelligence，AI）规划思想引入服务组合技术。通常意义上的规划问题可以描述为一组可能的世界状态、一组可执行的动作以及一组状态变迁规则，规划的目标是寻找从初始状态到达目标状态的一组动作序列。对于基于智能的服务组合而言，初始状态与目标状态是用组合服务的需求来定义的，动作则是一组可用的组件服务，状态变迁规则定义了每个组件服务功能的前件与后件[71]。因此，服务组合的过程就是从可选的组件服务中寻找一组服务，使得该组合服务的功能能够满足组合服务的需求定义。可以看出，基于智能的服务组合方法侧重于组合模型建立过程的自动化。目前这方面的工作主要是借助 AI 领域的经典研究方法，如情景演算、规划域定义语言（planning domain definition language）、定理证明等，并与语义 Web 技术相结合，研究语义 Web 服务、组合目标分解、组合推理以及组合服务模型的自动构造方法。这一方法具有形式化色彩，对于组合正确性的关注贯穿组合的整个过程。比较而言，基于智能的服务组合方法对于运行系统的关注比较少，事实上要达到 AI 规划方法的目标，即实现全自动的服务组合，是一个十分复杂的过程，因此目前这一方法还处于理论、方法的研究探索阶段。

综上所述，本章将对等网络服务组合定义为：在对等网络服务网络中，根据特定用户所需的服务目标，通过对等网络服务网络的路由，将多个发现的对等网络服务按照其功能以及它们之间的逻辑关系组合成提供聚合功能的新服务，实现资源聚合与应用集成，最终为用户提供有服务质量保证的组合服务。

在服务组合领域,具有挑战性的问题之一就是面向服务质量的服务组合问题。它的目标是在用户的约束条件下寻找一组优化服务,从而组合成一种新的服务,并且保证满足用户要求的服务质量。在服务执行的过程中,当对服务质量的估计发生偏差时,需进行必要的重新规划和组合。针对对等网络缺乏服务质量管理的现状,本章首先对对等网络环境下的服务发现问题进行了研究,提出了基于服务质量的服务发现方法。然后在此基础上提出了一种组合服务质量优化模型,用以保证对等网络应用的服务质量。此模型的主要特点有:服务虚拟化、可扩展的服务质量度量、基于多度量的组合服务质量优化。

本章在第4章的基础上主要论述基于服务质量的对等网络服务组合研究。

5.2 基于服务质量的对等网络服务组合模型

5.2.1 基于服务质量的对等网络服务组合的思想

对等网络服务是一种新兴的分布式对等网络应用模式,在对等网络服务的研究中,服务组合是一个极具挑战性的问题。服务组合可以集成现有的简单服务,组合形成复杂服务,快速且灵活地构建功能强大的新应用,这对于网络资源的重用和协同具有重要意义。首先,现实中的应用一般很复杂,为了分解和简化应用逻辑,提高服务可用性,单个服务不可能做得很复杂,因此,复杂服务需要组合多个简单的服务。其次,各种异构的硬件设备和网络服务访问方式不断涌现,为了实现随时随地的普适计算,同一种服务要求以多种版本投递给用户,传统的信息存储站点、网络服务和搜索引擎需要以一种新的方式结合起来,提供新的服务,这需要服务组合来完成。然而,面对数量庞大、形态各异的服务群,如何发现服务,并且把多个服务动态组合以完成特定功能等,这些问题成为对等网络服务组合发展的关键问题。

当前,人们对服务组合的研究非常活跃,其中 Gu 等[72]和 Zeng[73]分别针对对等网络和 Web 服务应用给出了基于质量的服务组合方法。由于服务质量对于对等网络服务组合理论研究和在商业领域的成功应用非常关键,因此提供具有服务质量保证的对等网络服务组合是非常有必要的。对等网络服务的一个重要特点是服务的冗余度高,只是质量属性和资源约束不同。在满足用户需要的服务质量保证下,对于实现同一功能的不同服务,按照质量属性和资源约束进行组合[74-76]。本章在基于服务质量的对等网络服务发现的基础上,建立了基于服务质量的对等网络服务组合模型,并给出了求解算法,最后对算法进行了分析。

（1）对等网络服务组合描述

本章提出了一种面向服务质量的对等网络服务组合模型。假设一个完整的对等网络服务由 n 个分布式功能组件完成，每个组件包括 m 个服务质量属性，可用下列式子刻画一个对等网络服务。

$$VS = (F_1^t, F_2^t, F_3^t, \cdots F_n^t,)$$

$$= \begin{pmatrix} q_{11}^t & q_{12}^t & \cdots & q_{1n}^t \\ q_{21}^t & q_{22}^t & \cdots & q_{2n}^t \\ \cdots & \cdots & \cdots & \cdots \\ q_{m1}^t & q_{m2}^t & \cdots & q_{mn}^t \end{pmatrix}$$

其中，F_i^t 表示实现对等网络服务的第 i 个功能组件，q_{ij}^t 表示第 i 个组件的第 j 个服务质量属性。q_{ij}^t 的服务质量记为 Q_{ij}^t，即

$$Q_{ij}^t = \text{Quality}(q_{ij}^t)$$

$$Q_{vs}^t = (Q_{ij}^t; 1 \leqslant i \leqslant n, 1 \leqslant j \leqslant m)$$

对等网络服务的这种表示给用户提供了一种透明的服务访问机制，也使对等网络应用开发者从熟悉网络所涉及的物理服务实现细节的烦琐工作中解脱出来。更重要的是，这种表示也为对等网络的服务容错和服务质量等级区分提供了条件。

依据上面的描述，本章建立基于服务质量的对等网络服务组合模型，该模型的主要思想为：在保证用户质量要求的前提下，通过目标规划使组合服务的质量最优。对等网络组合服务是为了一个特定目标遵循一定的数据依赖和控制依赖组合起来的、相互协作的服务，组合的服务要最大限度地满足应用的服务质量要求[77]。

（2）对等网络服务组合层次图

对等网络服务组合可表示为三层垂直结构，如图5.1所示。

该服务组合层次图通过对服务功能、服务实例和物理主机进行概念上的分离以实现服务质量感知且能均衡使用系统资源的组合服务。其结构自顶向下分为抽象服务层、功能实例层和服务网络层。在抽象服务层定义的每个基本服务功能最后被映射到服务网络层中不同节点主机上的服务实例上。

定义 5.1　抽象服务层中层定义为：$\lambda = \langle S, L \rangle$，$S = \{s_i | 1 \leqslant i \leqslant |S|\}$，$L = \{l_k | l_k = s_i \rightarrow s_j, 1 \leqslant k \leqslant |L|\}$，$s_i$ 和 l_k 分别代表服务和服务依赖关系。

抽象服务层是用户接口层以抽象服务的形式表示对等网络服务。在基于服务质量的对等网络中，用户请求可以指定为一个服务图和一个服务质量向量，表示为 $\gamma = \langle \lambda, Q_{target}, R_{req} \rangle$，$\lambda$ 表示服务图，Q_{target} 表示用户服务质量需求，R_{req} 表示用户资源需求。服务之间的依赖 $s_1 \rightarrow s_2$，有两种情况：①次序关系，s_2 输入依赖于 s_1 的输出。

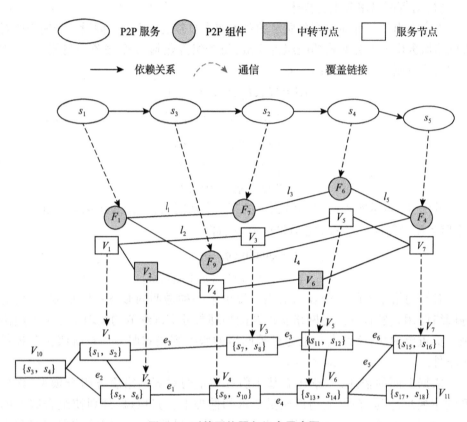

图 5.1　对等网络服务组合层次图

②协作关系,表示 s_1 与 s_2 没有次序限制,但 s_1 与 s_2 之间有通信信息,如通知一些服务状态等。

定义 5.2　功能实例层中功能组件图定义为: $\xi = \langle F, DR, CR \rangle$, $L = \{F_i | 1 \leq i \leq |F|\}$, $DR = \{dr_i | dr_i = F_i \rightarrow F_j, 1 \leq i \leq |DR|\}$, $CR = \{cr_i | cr_i = C_i \rightarrow C_j, 1 \leq i \leq |CR|\}$, $|F|$ 、 $|DR|$ 、 $|CR|$ 分别代表 F 、 DR 、 CR 的集合,集合的元素是执行功能组件的候选元素。

功能实例层是抽象服务层在对等网络上的映射,包括具体的服务执行路径和图,服务之间的依赖关系映射为对等网络覆盖网上的具体数据路由路径。对等网络中的节点 V_i 提供功能组件 F_j 完成服务 s_k , V_i 为服务节点。如果节点只包括在服务执行路径之上提供数据路由的节点,则这样的节点称为服务中继节点。

定义 5.3　服务网络层:抽象服务层中的服务实例和服务链路最终对应为服务网络层的节点主机 v_i 和覆盖链路 e_i 。由于服务网络层的特性,抽象服务层中直接相邻的两个服务实例在覆盖网络层可能位于两个不相邻的节点主机上,此时服务层里的该服务链路在覆盖网络层中就对应为由一系列覆盖链路(e_i)组成的覆盖路径(ξ)。

如果某个节点主机在该服务路径中提供了服务实例的运行,则该节点称为服务节点;否则,该节点只在覆盖网络中执行数据的应用层转发功能,称为中继节点。每条覆盖链路 e_i 用 $Q^{e_i} = (q_1^{e_i}, q_2^{e_i}, \cdots, q_m^{e_i})$ 描述其服务质量向量值。节点主机 v_i 和覆盖链路 e_i 用 $RA^{v_i} = (ra_1^{v_i}, ra_2^{v_i}, \cdots, ra_m^{v_i})$ 和 RA^{e_i} 表示其可用资源。

(3)对等网络服务组合过程

服务组合过程是一个二维的映射过程,依据服务之间的依赖关系,组合服务有不同的执行模式;依据服务质量约束,从相同的功能组件中选择最优的功能组件,组合服务的具体执行路径如图5.2和图5.3所示。

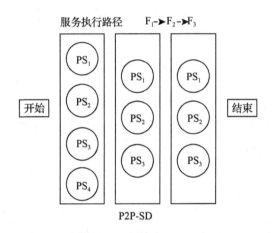

图 5.2　对等网络服务执行路径的选择过程

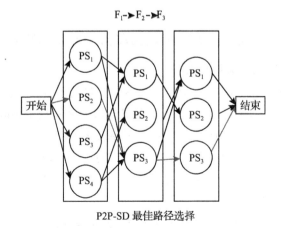

图 5.3　对等网络服务路径的选择结果

对等网络服务的一个重要特点是服务(功能组件)的冗余度高。按照服务一致性关系,对等网络服务形成一个子集,每个子集中的服务提供相同的服务功能,只是质量属性和资源约束不同。在服务组合过程中,对于同一子集中的服务,按照质量属性和资源约束进行优选,优选的服务序列形成服务的执行路径。

如图5.4所示,在服务组合过程中,对于每个功能 F_1、F_3、F_4、F_2、F_5 都有两个服务组件来实现,在用户服务组合图中,这两个服务的质量属性是不同的,通过计算不同组件提供的质量属性的值,就形成了不同的服务组合图,从中选出一个服务质量属性值最大的组合作为服务组合的最终实现方案。

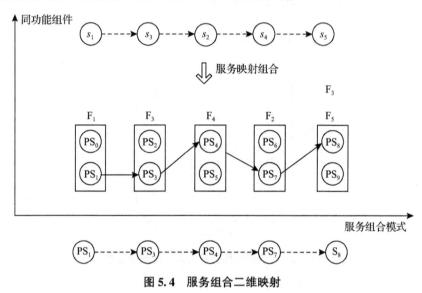

图5.4 服务组合二维映射

5.2.2 基于服务质量的对等网络服务局部组合算法

(1)组合对等网络服务模型假设:

①对等网络组合服务的各子功能被描述为有向无环图 $G(E,V)$。其中 V 代表合成服务的组件集合,$V=\{f_1,f_2,\cdots,f_n\}$,各具体服务之间具备相同的优先级,组合服务的结构已经给定。E 是有向边的集合,边表示各组件之间的关系。

②服务质量矩阵:$Q^t_{vs}=(Q^t_{ijk};1\leqslant i\leqslant n,1\leqslant j\leqslant m,1\leqslant k\leqslant 5)$。

③用户给定合成服务的响应时间上限 T_{sum} 以及合成服务总价格上限 p_{sum}。

④用户给定权值向量如下。

$$w=\left(w_k,1\leqslant k\leqslant 5,\sum w_k=1\right)$$

$$\mathrm{Max}\left(\sum_{i=1}^{n}Q(x_i)\right)$$

$$\begin{cases} \sum\limits_{j=1}^{k} D(x_j) \leqslant T_{sum}(x_j \in v') \\ \sum\limits_{i=1}^{n} p(x_i) \leqslant p_{sum} \end{cases}$$

建立的目标函数和约束条件如下。

假设合成服务由 n 个组件组成,则目标是为合成服务寻找一个解决方案 $X = (x_1, x_2, \cdots, x_i, \cdots, x_n)$(其中 x_i 是服务的第 i 个选定的组件),使目标函数最大,同时满足两个约束条件:合成服务的时间不超过用户给定的响应时间上限,合成服务的费用不超过用户给定的费用的上限。其中,v' 是解决方案构成的有向无环图的关键路径上的节点的集合[78]。

(2)基于服务质量的对等网络服务的局部组合模型求解

遗传算法(genetic algorithms)[79]模型的核心思想:从简单到复杂、从低级到高级的生物进化过程本身是一个自然的、并行发生的、稳健的优化过程。这一优化过程的目标是生物(个体及种群)对环境的适应性,而生物种群则通过“优胜劣汰”及遗传变异来达到进化的目的。

如果把待解决的问题描述为某个目标函数的全局优化问题,则遗传算法求解问题的基本做法如下。

遗传算法千变万化,但是其基本结构(即主程序)如图 5.5 所示,不同的仅仅是实现每个步骤的方案。其中种群初始化和适应值评估是最为关键的,它们合在一起构成了一个完整的染色体评价环境 $x \leftrightarrow f(x)$,其中 x 代表染色体空间 X 中的

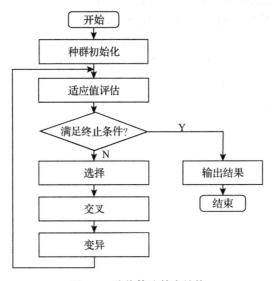

图 5.5　遗传算法基本结构

某个个体(它经过解码就可对应到原优化问题的解空间中的某个解,尽管这种对应并不一定是一一对应的),该个体的适应值$f(x)$就可映射为原优化问题的目标函数值。从而,只要通过遗传算法的进化原理,选择到了使$f(x)$达到最优(往往是最大)的x,就可以通过对x解码得到使原优化问题的目标函数值达到最优(往往是最小)的对应的解。所以说,面对一个新的复杂的优化问题,确定染色体评价环境是其核心。采用什么样的染色体编码方案,也就从某些方面限定了只能设计什么样的遗传算子(交叉、变异等)。但是,过于复杂的遗传算子会使遗传算法性能大大降低,所以遗传算子的设计对编码方案的选取也有一定的制约作用。也就是说,在确定编码方案时必须考虑编码复杂度、解码复杂度以及遗传算子实现的复杂度。

针对基于服务质量的对等网络服务组合,本章提出了"聚集"遗传算法。在传统的遗传算法中,初始种群的每个字符串中"1"的数目等于对等网络服务需要的组件的数目n,但进行遗传操作(交叉、变异)后,字符串中"1"的数目可能大于或小于n,从而变为非法解。此时必须对解进行修正,即进行相应的运算使字符串中"1"的数目为n。一般来说,这个过程比较复杂,大大增加了运算量。另外,对等网络服务的5个属性指标的要求也不一样。因此本章对传统的遗传算法做了改进,按照搜索到的服务组件的类型,将m个服务组件划分为n个功能小组,每个小组形成一个基因片段,在任何一次遗传算法操作中,保证每个片段中有且只有一位为"1"。

本章改进的"聚集"遗传算法步骤如下。

①染色体编码。假设一个对等网络服务通过搜索,搜索到m个服务组件,可用一个m位的二进制串来表示。形式为:$x_1 x_2 x_3 \cdots x_i \cdots x_m$,其中$x_i$若为1,则表示该组件被选中,$x_i$若为0,则表示该组件未被选中,即

$$x_i = \begin{cases} 1 & \text{第}i\text{个组件被选中} \\ 0 & \text{第}i\text{个组件未被选中} \end{cases}$$

若一个对等网络服务由n个组件服务完成,将m个服务组件划分为n个片段,需要增加一个辅助数据结构来标识这n个片段。数据结构设计如下。

$$\text{Gene\_Seg} = \begin{cases} \text{spoint 在二进制位串中的起点} \\ \text{Length 基因片段长度} \end{cases}$$

$$\text{Gene\_Bits} = \text{Array}[n] \text{ of Gene\_Seg Type}$$

则$x_1 x_2 x_3 \cdots x_i \cdots x_m$串中应有$n$个1,每个片段中有且只有一位为"1",满足服务组合的要求。

②初始化群体。结合数组Gene_Seg,通过随机的方法生成初始化的种群,保证每个片段中初始化一位。在种群中,串的长度是相同的,种群的大小根据需要按经验或实验给出。

③计算当前种群中每个个体的适应度。本问题的适应度函数可定义为

$$f = \sum f_i w_i, i \text{ 从 } 1 \text{ 到 } 5 \text{（服务质量属性的类别个数）}$$

f_i 表示第 i 个质量属性指标与用户要求的误差的绝对值，w_i 表示第 i 个质量属性指标在组件服务质量要求中重要程度的权值，f 是所有指标与用户要求的误差绝对值之和。

④选择。按照一定的选择概率对种群进行复制，选择较好的串生成下一代（个体的适应度函数值越小，该串的性能越好，选择概率越大），去掉较差的串。

⑤交叉。交叉是两个串按照一定的概率（交叉概率 P_c），从某一位开始逐位互换。首先，对每个二进制串产生一个 $0\sim1$ 的随机数，若该数小于 P_c，则选择该串进行交叉，否则不选择。随机地对被选择的二进制串进行配对，并根据二进制串的长度 n，随机产生交叉位置 j，j 为 $[1, n-1]$ 上的一个整数。因为种群中每一个功能片段对应着一个组件服务，所以，为了保证每个组件服务的数目不变，交叉点的选择不能破坏功能块的完整性。假设交叉点位于第 j 个功能块内，则前 j 个功能块保持不变，在第 $j+1$ 个功能块内开始逐位交叉。

交叉前：

$$x_1 \ x_2 \ x_3 \cdots x_i x_{i+1} \cdots x_{i+\text{Length}} \cdots x_n$$
$$y_1 \ y_2 \ y_3 \cdots y_i y_{i+1} \cdots y_{i+\text{Length}} \cdots y_n$$

交叉后：

$$x_1 \ x_2 \ x_3 \cdots x_i y_{i+1} \cdots y_{i+\text{Length}} x_{i+\text{Length}+1} \cdots x_n$$
$$y_1 \ y_2 \ y_3 \cdots y_i x_{i+1} \cdots x_{i+\text{Length}} y_{i+\text{Length}+1} \cdots y_n$$

$x_{i+1} \cdots x_{i+\text{Length}}$，$y_{i+1} \cdots y_{i+\text{Length}}$ 代表两个串的第 $j+1$ 个基因片段。

⑥变异。变异是二进制串的某一位按照一定的概率（突变概率 P_m）发生反转，1 变为 0，0 变为 1。这里 P_m 较小，P_m 可小于 0.001。但在实践中发现，在有些遗传算子中，P_m 为 0.1 时更好。在变异过程中应保证整个种群所有功能块中"1"的数目不变。可执行如下过程：首先，由变异概率决定某位取反；然后，检查、修正字符串中"1"的数目，保证不发生变化。

⑦终止。记录进化的代数，并判断是否满足终止条件。若满足，则输入结果，否则转向步骤③继续执行。终止条件如下。

a. 出现种群满足 $f=0$。

b. 某个个体的适应度值达到指定要求。

c. 达到指定的进化代数。

d. 当前种群中最大适应度值与以前各代中最大适应度值相差不大，进化效果不明显。

（3）基于服务质量的对等网络服务组合模型实验与分析

用仿真程序模拟此模型和求解算法，通过实验分析模型的优化效果。在实设计中,首先仿真器随机生成具有不同顶点数的有向无环图,在一定范围内随机产生虚拟服务的服务质量矩阵。

在实验中,设合成服务的服务类别数 n 为 10~100,每个服务类别的候选服务数 m 为 5~50。假设 $m=10$,随着 n 的变化,用该模型求得平均响应时间,可以得到图 5.6。

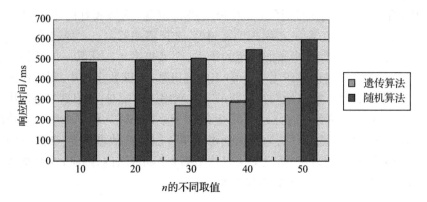

图 5.6   随机算法与遗传算法计算的对等网络服务组合响应时间比较

在实验中,假设 $n=10$,随着 m 的变化,用该模型求得平均响应时间,可以得到图 5.7。

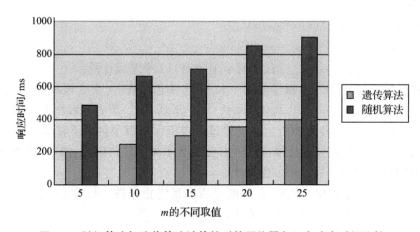

图 5.7   随机算法与遗传算法计算的对等网络服务组合响应时间比较

图 5.6 和图 5.7 反映了建立的服务组合模型的遗传求解算法的时间性能随问题规模(m 和 n)变化的情况。曲线表明,当问题规模增加时,遗传算法的时间开销远远小于随机算法的时间开销。

用公式 $\sum_{i=1}^{n} Q(x_i)$ 计算服务质量,在不同的规模中[一组(n,m)的范围是

（5,10）（10,20）（10,30）（15,50）（20,100）］，比较采用"聚集"遗传算法后的对等网络服务组合与随机的对等网络服务组合的效率。

图 5.8 结果显示，采用遗传算法对对等网络局部服务组合进行计算的效率明显高于采用从搜索出的服务组件中随机选择的对等网络服务组合进行计算的效率。

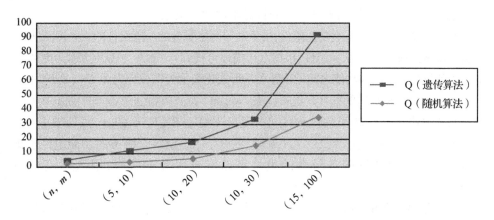

图 5.8　随机算法与遗传算法计算的对等网络服务组合效率比较

上述实验对两种不同算法的时间性能和优劣进行了比较，从图 5.6 和图 5.7 中可以看出，遗传算法在不同的规模下均优于随机服务组合算法。实验表明，服务组合模型的局部求解算法优于随机组合算法。遗传算法主要应用于适应性系统的模拟、函数优化、机器学习和自动控制等领域。遗传算法是一种高度并行、随机和自适应的优化算法，它将问题的求解表示成染色体的适者生存过程，通过种群的一代代不断进化，包括选择、交叉、变异等，最终收敛到最适应环境的个体，从而求得问题的最优解或满意解。遗传算法是一种很好的优化算法，其编码技术和遗传操作较简单，具有隐含并行性和全局解空间搜索的优点。

5.2.3　基于服务质量的对等网络服务全局组合算法

（1）模型定义

①完成对等网络合成服务的各子功能描述为有向无环图 $G=(V,E)$。其中 V 代表合成服务的组件集合，$V=\{f_1,f_2,\cdots,f_n\}$。E 是有向边的集合，边表示各类组件之间的关系。

②服务质量矩阵：$\boldsymbol{Q}_{vs}^t=(Q_{ijk}^t;1\leqslant i\leqslant m,1\leqslant j\leqslant n,1\leqslant k\leqslant 5)$。

③由于在对等网络里，对等网络服务的一个重要特点是服务的功能组件的冗余度高，所以按照服务一致性关系，对等网络服务功能组件形成一个子

集,每个功能组件子集中的服务提供相同的服务功能。

④对于合成服务的组件集合 $V=\{f_1,f_2,\cdots,f_n\}$,$i=1,2,\cdots,n$。每类组件都有若干个候选服务,这里设组件 f_i 的候选服务集合为 S_i,$i=1,2,\cdots,n$,那么 $S_i=\{s_{ij},j=1,2,\cdots,n_i\}$,$F$ 为进行服务组合的组件可以候选服务的集合 $F=\{S_i,i=1,2,\cdots,n\}$。

⑤在服务组合中,假设每个候选服务组件至少被服务组件选中一次。

通过上面的分析得到服务组合的目标函数和约束条件如下。

组合一个服务需要 n 类功能组件,由于对等网络服务的功能组件的冗余度高,那么每类可搜索到 m 个候选服务组件,根据上述描述可得到$|s_i|\le m$,也就是每类功能组件的最大数量是 m。组件功能之间的依赖关系形式化表示为带权无向图 $G=(V,E)$,V 是 n 类组件的集合,E 是边的集合。边权(edge weight)表示功能组件之间的权值,解释为组合服务中功能组件之间的延迟代价。定义 $V\times V\to R^+$,$R^+\in(0,\infty)$,其中 $V\times V=\{(f_i,f_k)\mid f_i\in V,f_k\in V,i=1,2,\cdots,n,k=1,2,\cdots,n\}$。设组合服务的功能组件子集合为 $D\subseteq V$,F 为进行服务组合的组件可以候选服务的集合,引入一组 $0\sim 1$ 变量:

对于组合服务的功能组件 f_i 和候选服务 S_i,$i=1,2,\cdots,n$,组合服务时若组件是 f_i 选择候选服务 $S_i=(s_{ij})$,$j=1,2,\cdots,n_i$ 中的 s_{ij},则定义 $x_i(j)=1$;否则 $x_i(j)=0$,$i=1,2,\cdots,n$,$j=1,2,\cdots,n_i$。

$$x_i(j)=\begin{cases}1,服务器组合时,组件f_i选择s_{ij}作为其候选服务,i=1,2,\cdots,n;j=1,2,\cdots,n_i\\0,否则\end{cases}$$

综上所述,该服务组合模型可以归为以下整数规划问题。

$$\min\sum_{f_i\in D}\sum_{S_i\in F}c_{ij}x_i(j),\qquad i=1,2,\cdots,n;j=1,2,\cdots,n_i$$

$$\text{s. t. }\sum_{f_i\in D}x_i(j)\ge 1,\qquad j=1,2,\cdots,n_i$$

$$\sum_{f_i\in D}x_i(j)\le m,\qquad j=1,2,\cdots,n_i$$

$$\sum_{S_i\in F}x_i(j)\ge 1,\qquad j=1,2,\cdots,n_i$$

$$x_i(j)\in\{0,1\},\qquad S_i\in F,f_i\in D,i=1,2,\cdots,n;j=1,2,\cdots,n_i$$

模型的目标函数是:求得通过功能组件组合服务所需的时延代价最小,其中 c_{ij} 表示服务组合时组件 f_i 中候选服务 s_{ij} 的时延代价。第一约束条件表示集合 D 中的每类组件至少要选出一个候选服务。第二约束条件表示组合服务时每个选中的组件不能超过自己的负载能力。第三和第四约束条件表示每类功能组件的候选服务组件至少被选中一次。以下讨论该问题的求解方法。

（2）罚函数求解算法

罚函数法求解的基本思想[80]是通过构造罚函数，将约束问题转化为一系列无约束问题，进而用无约束最优化方法求解。

首先，构造障碍函数如下。

$$p(x,y,r_k) = \sum_{f_i \in D} \sum_{s_i \in F} c_{ij} x_i(j) - r_k \ln\Big(\sum_{f_i \in D} x_i(j) - 1\Big) - r_k \ln\Big(\sum_{f_i \in D} x_i(j) - m\Big) - $$
$$r_k\Big(\sum_{s_i \in f} x_i(j) - 1\Big)$$

其中，r_k 是很小的正数，称 r_k 为障碍因子，上式中的后三项为障碍项。

算法描述如下。

①给定严格的内点 $x^{(0)}$ 为初始点，初始障碍因子 $r_1 > 0 (r_1 = 1)$，缩小系数 $\beta \in (0,1)(\beta = 0.1)$，允许误差 $\varepsilon > 0$，置 $k = 1$。

②构造障碍函数 $p(x,y,r_k)$，具体函数如上式。

③求障碍函数 $p(x,y,r_k)$ 的无约束极小化问题。以 $x^{(k-1)}$ 为初始点，求解 $\min p(x,y,r_k)$，得到极小点 $x^{(k)}$。

④判断精度。若满足收敛准则，则停止迭代，以 $x^{(k)}$ 作为原问题的近似极小点；否则取 $r_{k+1} = \beta r_k$，置 $k := k+1$，转第③步。

收敛准则可用：$|x^{(k)} - x^{(k-1)}| < \varepsilon$。

在上述算法中，如果不能找出严格内点作为初始内点，就会影响最优解的性能，甚至不能找到最优解。求出初始内点是算法的关键问题，所以下面具体说明求初始内点的步骤。

①任意给定点 $x^{(0)}$ 作为初始点，初始障碍因子 $r_1 > 0(r_1 = 1)$，缩小系数 $\beta \in (0,1)(\beta = 0.1)$，允许误差 $\varepsilon > 0$，置 $k = 1$。

②对 $x^{(k)}$ 点，确定不等式约束的小标集合 T_k 及 S_k。

$$T_k = \{j | g_j(x^{(k)}) > 0, 1 \leq j \leq l\}$$
$$S_k = \{j | g_j(x^{(k)}) \leq 0, 1 \leq j \leq l\}$$
$$R_k = \{x | g_j(x) > 0, j \in T_k\}$$
$$R_1 = \{j | g_j(x) > 0, j = 1, 2, \cdots, l\}$$

③若 $S_k = \Phi$，则 $x^{(k)} \in R_1$，$x^{(k)}$ 即为初始内点，停止搜索，否则进行下一个步骤。

④构造障碍函数。

⑤以 $x^{(k)}$ 为初始内点，在 R_k 域内，求障碍函数的无约束极小，得到极小点 $x^{(k+1)}$。

⑥减小 r_k，令 $r_{k+1} = \beta r_k$，置 $k := k+1$，转向步骤②。

（3）实验与分析

用仿真程序模拟此模型和求解算法，通过实验分析模型的优化效果。在实验设计中，首先仿真器随机生成具有不同顶点数的有向无环图，然后在一定范围内随机产生虚拟服务的服务质量矩阵。

用公式 $\sum\limits_{f_i \in D} \sum\limits_{s_i \in F} c_{ij} x_i(j)$ 计算服务组合的费用,在不同的规模中[一组(n,m)的范围是$(5,10)(10,20)(10,30)(15,50)(20,100)$],比较采用罚函数算法后的对等网络服务组合与随机算法的对等网络服务组合的效率。

图 5.9 结果显示,采用罚函数法对对等网络服务组合进行全局计算的效率明显高于采用从搜索出的服务组件中随机选择的对等网络服务组合进行计算的效率。罚函数法要求整个迭代过程始终在可行域内部进行,初始点必须选一个严格内点。在可行域边界上设置一道障碍,以阻止搜索点接近可行域边界,一旦搜索点接近可行域边界,就要受到惩罚,迫使迭代点始终留在可行域内部。罚函数法的优点是,迭代点总是在可行域内,每一个中间结果都是可行解,可以作为近似解,能很快求出精度较高的结果。

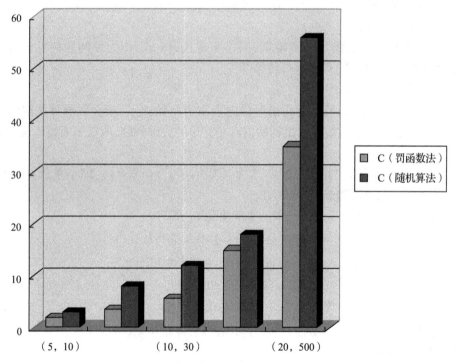

图 5.9　随机算法与罚函数法计算的对等网络服务组合效率比较

5.3　本章小结

本章首先对对等网络服务研究进行了探讨,将服务质量引入对等网络中,然后根据文中建立的基于分簇的对等网络路由模型,提出基于服务质量的对等网络服务组合模型,并讨论了局部和全局的对等网络服务组合模型,给出了相应的求解算法,并对算法进行了实验分析。

第6章 基于信任的对等网络服务

　　对等网络的匿名性和动态性带来了许多安全问题,传统的信任管理模型并不能很好地适应对等网络环境。本章首先探讨了目前对等网络环境下的信任模型,从不同的角度对对等网络信任模型进行了研究,这些模型在一定程度上提高了对等网络的信任度,但以上信任模型忽略了以下几个问题:对等网络中的信任大多考虑了网络中节点的信任,忽略了网络服务的信任,而网络服务的信任是对等网络信任中一个重要的因素。在现实网络中,可信的节点可能提供不可信的服务,不可信的节点可能提供可信的服务。所以,有必要从服务的角度研究对等网络的可信性问题,上述信任模型具有一定的片面性,没有充分考虑服务质量的属性。目前的信任模型大多没有考虑服务质量的属性,即使有些信任模型考虑了服务质量属性,但仅考虑了某一方面的属性,而现实对交互的信任评价通常涉及交互的多方面属性,以实现对交互节点服务当前行为的信任判断。在借鉴上述信任模型思想的基础上,本章对对等网络服务的信任进行了研究,从对等网络服务的信任角度出发,以提高对等网络服务质量为目的,建立基于信任的对等网络服务模型。

6.1　基于信任的对等网络服务模型概述

　　目前,已经有一些基于对等网络环境的信任模型,大致可分为以下几类。

　　①基于局部推荐的信任模型[81-82]。在这类系统中,节点通过询问有限的其他节点以获得某个节点的信誉度,一般采用简单的局部广播的手段,其获取的节点的信誉度往往是局部的和片面的。如 Corneli 对 Gnutella 的改进建议就是采用的这种方法[83]。

　　②数据签名。这种方法不追求节点的可信度,而是强调数据的可信度。以文件共享应用为例,在每次下载完成时,用户对数据的真实性进行判断,如果认可数据的真实性,则对该数据进行签名,获取签名越多的数据(文件),其真实性越高。然而,该方法仅针对数据共享应用(如文件共享),同时无法防止集体欺诈行为,即恶意的群体对某不

真实的数据集体签名。目前流行的文件共享应用 Kazaa 采用的就是该方法。

③全局可信度模型。为获取全局的节点可信度,该类模型通过相邻节点间相互可信度的迭代,从而获取节点全局的可信度。斯坦福大学的 EigenRep[84-85] 是目前已知的一种典型的全局信任模型。EigenRep 的核心思想是,当节点 i 需要了解任意节点 k 的全局可信度时,首先从 k 的交互节点(曾经与 k 发生过交互的节点 j)获知节点 k 的可信度信息,然后根据这些交互节点自身的局部可信度(从节点 i 的角度看来)综合出 k 的全局可信度。

④基于贝叶斯网络的信任模型[86]。计算信任时,采用贝叶斯网络模型。这类模型的核心思想是:依据一定的参数(如文件质量、下载速率等),利用贝叶斯概率计算可信度,它以一种基于统计的方式计算可信性,通过分析对象的历史行为来量化其未来行为的最大可能性。但其可信度的计算实质上是基于用户自身的主观判定,往往具有片面性。

目前,对等网络由于节点的自主性,常常会出现公共悲剧的现象[87],这种现象就是网络带宽资源作为一种非排他性的公共物品,大多数对等网络节点往往从各自的利益出发,而无节制地消耗网络资源,从而严重影响对等网络的良性发展。

基于上述原因,在对等网络中引入激励机制是十分必要的。对等网络中目前较为紧迫的问题是缺乏有效的激励机制来保证网络的良性发展。在对等网络中构造合理且有效的激励机制时,必须考虑激励的公平性、分布性。一个公平的激励机制应该对表现良好的(提供高可信服务的)节点给予奖励,对表现不佳的(提供不可信服务的)节点进行惩罚。由于节点服务的可信度合理地反映了节点的主观参与策略及其对服务网络的贡献,因此考虑以节点的服务信任模型作为构造激励机制的基础是一种有益的尝试。

系统有限的资源使对等网络服务之间存在着竞争关系,可以将这种非合作关系看作由多个有逻辑理性、有策略的参与者组成的博弈模型,所以可运用经济学方法(博弈论)来解决对等网络服务的资源分配问题[88]。本章提出了一种基于信任的对等网络服务模型,根据纳什均衡(Nash equilibrium)理论来分析参与者之间的合理行为,激励可信度高的服务,对可信度高的服务实行奖励,抑制可信度低的服务,从而促使对等网络的良性发展,提供有质量保证的对等网络服务。

6.2　博弈论及对等网络中的博弈论

(1)博弈论

博弈论,也称对策论,是研究竞争或冲突现象的理论与方法。它不仅是现代数学的一个新兴分支,还是运筹学的重要领域。以下是一些相关概念[89-90]。

博弈论参与者:指那些通过选择行动来最大化自身利益的决策主体。

博弈论中的行为:参与者的决策变量,例如在消费者效用最大化决策中,各种商品的购买量;在厂商利润最大化决策中,涉及的产量和价格等。

博弈论策略:也称战略,指参与者选择行为的规则,即在何种条件下选择何种行动以确保自身利益最大化。

博弈论信息:参与者在博弈过程中所掌握的知识,尤其是关于其他参与者(对手)的特征和行动的信息。

博弈论收益:也称支付,指参与者在博弈中获得的利益水平,它是所有参与者策略或行为的函数。

博弈论结果:博弈分析者关注的要素集合。

博弈论均衡:指所有参与者的最优策略或行动的组合。在此语境下,"均衡"特指博弈中的均衡,通常称为"纳什均衡"。

纳什定理:在任何有限纯策略的两人博弈中,至少存在一个均衡对,这个均衡对被称为纳什均衡点。纳什均衡点为博弈论提供了一个重要的分析工具,使研究者能够在博弈结构中寻找最佳结果。

理性行为:在研究模型时,假设每个决策者都是"理性的",这种理性是指决策者意识到他们选择的内容,对未知事物形成预测,具有明确的偏好,并在经过某种优化过程后仔细选择他们的行动。

(2)博弈的分类

非合作博弈与合作博弈。非合作博弈是以单个参与者的可能行动为基本分析单位的,而合作博弈则以参与者群体的可能联合行动为基础。

静态博弈与动态博弈。静态博弈中,参与者同时选择行动,或者虽然不是同时,但后行动者不知道前行动者的具体选择;动态博弈则是参与者的行动有先后顺序,后行动者能够观察到前行动者的选择。

完全信息博弈与不完全信息博弈。在完全信息博弈的情况下,每个参与者对其他参与者(对手)的特征、策略空间和支付函数都有准确的了解;如果缺乏这种了解,则为不完全信息博弈。

重复博弈。重复博弈是一种特殊且重要的动态博弈,指的是结构相同的博弈(即参与者集合、策略空间和收益或效用函数相同)重复进行多次,每次博弈称为阶段博弈。重复博弈可以分为有限次重复博弈和无限次重复博弈。

(3)博弈的策略

在任何博弈中,尽管可能不存在纯策略纳什均衡,但一定存在混合策略纳什均衡。对于零和博弈,如果存在"最大最小策略均衡",那么该均衡必然是纳什均衡。混合策略中必定能够找到纳什均衡这一特性,使得混合策略更具实用性。此外,混合策略更符合现实情况,因为博弈参与者在选择策略时并非绝对确定,而是带有一定的随机性。同时,参与者对对手策略选择的猜测并不总是可靠的,其准确性同样具有随机性。此外,混合策略在多次重复博弈中比纯策略更为有效,而这种重复博弈在现实生活中更常见。

纯策略是指在多种策略中做出绝对选择,选择某一策略时必定放弃其他所有策略。相对而言,混合策略则是以概率分配的方式进行选择,参与者在多种策略中以一定的概率选择任一策略,且所有概率的总和必须为 1。参与者的混合策略实际上是在其纯策略空间上的一种概率分布,表示在实际博弈中,参与者根据这一概率分布随机选择并实施纯策略。

最大最小策略:冯·诺依曼和摩根斯特恩认为,决策者的个性会影响他们的策略选择。一些决策者可能会认为,鲁莽的行动容易导致重大失误,因此他们倾向于从最不利的情况出发,努力朝着最佳结果前进,以确保做好充分准备。这类决策者通常属于风险厌恶型,他们首先关注各种潜在的不利因素和风险,因此会考虑所有可能的最坏结果,并从中选择一个最佳结果。根据这一原则制定的策略称为最大最小策略。

(4)对等网络中的博弈论

每个参与者都希望从系统中获得最大的利益,而博弈双方对系统资源的竞争结果是稳定的,这被称为纳什均衡。经典的纳什均衡理论指出,参与者之间存在一种投机与反投机的无限循环解决方案,即通过局部化一系列策略,使得任何参与者都无法通过偏离这些策略来提高自己的利润。根据纳什均衡理论,只要效用函数满足单调性和凹性,合理的资源分配方案就一定存在。在网络资源分配问题中,如果某个解在特定价格向量下处于均衡状态,那么该解就是最优解。此时,每个参与者都能获得最大效用,同时系统的总效用也达到了最大。个体优化与整体优化的统一意味着参与者之间公平性和整体效率的提升,因此这个解被视为最合理的资源分配方案。

6.3　基于信任的对等网络服务模型

(1)基于信任的对等网络服务模型的思想

纳什均衡是博弈论中的一种状态,指的是在博弈中,各方参与者在选择策略时达到的一种均衡。假设每位参与者都是理性的,一旦某个参与者选择了特定策略,该参与者就不愿意单独改变自己的策略,因为这样做只会导致他的收益减少。

定义 6.1　纳什均衡:在 n 个参与者标准式博弈 $G = \{S_1, S_2, \cdots, S_n; u_1, u_2, \cdots, u_n\}$ 中,如果对每个参与者 $i(i=1,2,,\cdots,n)$,S_i^* 是针对其他 $n-1$ 个参与者所选策略 $u_i(s_i^*, \cdots, s_{i-1}^*, s_{i+1}^*, \cdots, s_n^*)$ 的最优反应策略,即

$$u_i(s_i^*, \cdots, s_{i-1}^*, s_i^*, s_{i+1}^*, \cdots, s_n^*) \geq u_i(s_i^*, \cdots, s_{i-1}^*, s_{i+1}^*, \cdots, s_n^*)$$

对 S_i 中所有 s_i 都成立, 即 s_i^* 是最优化问题的解

$$Maxu_i(s_1^*,\cdots,s_{i-1}^*,s_i,s_{i+1}^*,\cdots,s_n^*)(i=1,2,\cdots,n)$$

则策略组合 $s_1^*=(s_1^*,\cdots,s_i^*,\cdots,s_n^*)$ 称为该博弈的一个纳什均衡。

纳什均衡的思想是, 在博弈中, 理性的结果是一种策略组合, 其中每个参与者的选择都是对其他参与者策略的最佳反应, 因此, 没有人会有动力去选择其他策略。因为任何参与者单方面改变自己的策略都无法获得更多利益, 所以没有人愿意主动打破这种均衡状态。

定理6.1: 在 n 个参与者标准式博弈 $G=\{S_1,S_i,\cdots,S_n;u_1,u_2,\cdots,u_n\}$ 中, 如果 n 是有限的, 且对每个参与者 i 的战略空间 S_i 中纯策略 s_i 是有限的, 则博弈至少存在一个纳什均衡(纯策略的或混合策略的)。

在对等网络服务网络中, 参与者 $P_i(i=1,\cdots,n,$ 表示网络中有 n 个节点) 只会与对等网络服务网络中有限部分的节点服务发生交互。在交互过程中, P_i 从参与者那里获得了可靠的服务, 并据此调整自己在对等网络中的贡献。然而, 由于 P_i 所依据的信息仅来自网络的有限部分, 因此其调整无法优化整个对等网络服务。当 P_i 改变了贡献量后, 其他节点的服务会感知这一变化并进行相应调整。这些调整又会反过来影响 P_i, 促使其继续调整对可信服务的贡献。

(2)基于信任的对等网络服务模型的研究目标

应用提出的对等网络服务信任模型可计算出对等网络服务的信任值, 引入博弈论的思想, 根据对网络提供的可信服务的多少来共享网络服务和资源, 为网络提供的可信服务越多, 享用的网络可信服务就越多; 反之, 为网络提供的可信服务越少, 享用的网络可信服务就越少。如此迭代, 所有的参与者都会反复调整自己对对等网络的贡献, 这个过程最终收敛于一点, 形成一个纳什均衡。针对目前的激励问题, 在对等网络中构建一个有效且高效的激励机制需要具备以下几个特征。

①可扩展性: 随着网络规模的扩大, 激励机制的性能和服务质量应保持稳定, 不应显著下降。

②自治性: 节点应享有自我管理和自主决策的权利, 且不受限制。

③效率: 激励机制所带来的系统效用必须明显高于其产生的系统成本。

④根据纳什均衡理论来分析参与者之间的合理行为, 激励可信度高的服务, 对可信度高的服务进行奖励, 抑制可信度低的服务, 从而促使对等网络的良性发展, 提供有质量保证的对等网络服务。

(3)基于信任的对等网络服务模型的说明

①在对等网络中, 服务的质量属性的信任包括两个方面: 直接交互经验和来自其他个体的信任推荐。来自推荐者的信任可用 R 表示, 实际发生的直接交互所产生的信任可用 DT 表示。两者的权重表示为 w_{DT} 和 w_R。其中 DT 和 R 可用下列公式来描述。通过该公式计算节点提供的服务的可信度[91]。

$$ST=w_{DT} \cdot DT+w_R \cdot R \text{ 其中 } w_{DT}+w_R=1(0 \leqslant w_{DT}, w_R \leqslant 1) \qquad (6.1)$$

②假设系统中有 N 个参与者：$P_i(i=1,2,\cdots,n)$ 表示网络中有 n 个节点参与。$D_i(i=1,2,\cdots)$ 表示参与者 P_i 贡献的资源。可得到 P_i 贡献的服务为 $C_i * D_i$，C_i 表示每贡献一个单位可信服务获取的价值，P_i 贡献的可信服务可以通过式(6.1)计算出来。

D_0 是一个系统常量，假设为系统参与者至少贡献的资源量，d_i 为 P_i 个人贡献的服务。

$$d_i = \frac{D_i}{D_0}$$

③每个节点的贡献都会服务于系统中的其他节点；在整个网络中，对于不同的节点，会有不同的表现。用一个 $N \times N$ 的矩阵 $\boldsymbol{B}$ 来编码所有节点价值，B_{ij} 表示 P_j 的贡献对 P_i 的价值，一般对于任意的 i,j，$B_{ij} \geqslant 0(i \neq j)$；$B_{ii}=0$。$b_i$ 是 P_i 从系统中得到的总的可信服务量，b_c 是整个系统 b_i 平均值的简单表示，则有如下关系：

$$b_{ij} = \frac{B_{ij}}{C_i}$$

$$b_i = \sum_j b_{ij}$$

$$b_c = \frac{1}{N} \sum_i b_i$$

④效用函数 U_i 用于刻画用户对所得对等网络服务的服务质量的满意程度。$p(d_i)$ 表示节点 P_i 接受节点 P_j 提供服务的概率。通过上面的描述，就可以得到 P_i 的效用 U_i

$$U_i = -C_i * D_i + p(d_i) \sum b_{ij} * D_j$$

第一项表示加入对等网络需要付出的代价，第二项是可从对等网络中得到的收益。

(4)基于信任的对等网络服务激励模型

由于对等网络中服务的需求和在线时间不相同，根据上述模型的条件，将不同类服务之间的交互看成一个 $N \times N$ 的矩阵，每一个参与者都有自己的价值函数，可建立对等网络服务激励模型[92]。

$$\text{Max} U_i = -C_i * D_i + p(d_i) \sum b_{ij} * D_j$$

$$\text{s.t.} \begin{cases} B_{ii}=0 \\ b_i > b_c \\ B_{ij} \geqslant 0 \end{cases}$$

该模型的目标是对等网络服务的效用函数最大,约束条件是:B_{ij} 表示 P_j 的贡献对 P_i 的价值,一般对于任意的 $i,j,B_{ij} \geq 0 (i \neq j); B_{ii} = 0$。$b_i$ 是 P_i 从系统中得到的总的可信服务量,b_c 是整个系统 b_i 平均值。

由于 $u_i = \dfrac{U_i}{C_i * D_0}$,将上式转化为

$$\text{Min} u_i = d_i - p(d_i) \sum b_{ij} * d_j$$

$$\text{s. t.} \begin{cases} b_{ii} = 0 \\ b_i > b_c \\ b_{ij} \geq 0 \end{cases}$$

d_i 表示 P_i 贡献给服务网络可信的服务,它与贡献的资源(硬盘空间或者带宽)成正比,P_i 的收益取决于其他节点对服务网络的贡献 d_j 和这些贡献对于 P_i 的价值 b_{ij} 以及 P_i 可能从该节点接受其他节点贡献可信服务的概率 $p(d_i)$[93]。

这里采用最优化方法中的乘子法来求解该问题。乘子法又称增广拉格朗日函数。在乘子法中,罚因子不必趋于无穷大,只要足够大,就可以通过极小化增广拉格朗日函数,得到原来约束问题的最优解。

根据乘子法,先定义增广拉格朗日函数

$$\phi = d_i - p(d_i) \sum b_{ij} * d_j - \lambda (b_i - b_c) + \frac{M}{2} (b_i - b_c)^2 \qquad (6.2)$$

其中,λ 为拉格朗日乘子向量。如果知道最优拉格朗日乘子向量 λ^*,再给定一个足够大的罚因子 M,就可以通过极小化 ϕ 得到问题的最优解。目前关键的是求出 λ^*,采取先给定一个足够大的 M 和一个初始估计值 $\lambda^{(1)}$,然后在迭代过程中不断修正它,使它逐渐趋于 λ^*。假设在第 k 次迭代中,拉格朗日乘子向量的估计为 $\lambda^{(k)}$,罚因子取为 M,得到 ϕ 的极小点 $x^{(k)}$,则修正的拉格朗日乘子向量公式为

$$\lambda^{(k+1)} = \lambda^{(k)} - M(b_i - b_c)_{x^{(k)}} \qquad (6.3)$$

然后进行第 $k+1$ 次迭代,求得 ϕ 的无约束极小点。这样使得 $\lambda^{(k)}$ 趋于 λ^*。如果 $\{\lambda^{(k)}\}$ 不收敛或收敛很慢,可增大罚因子 M,继续迭代。

算法实现步骤如下。

①给定初始点 $d_i^{(0)}, d_j^{(0)}$,拉格朗日乘子向量的初始估计 $\lambda^{(1)}$,初始罚因子 M,常数 $\alpha > 1, \beta \in (0,1)$,允许误差 $\varepsilon > 0, k = 1$。

②以 $d_i^{(k-1)}, d_j^{(k-1)}$ 为初始点,求解无约束问题 $\text{Min}\phi$,得到点 $d_i^{(k)}$ 和 $d_j^{(k)}$。

③若 $(b_i - b_c)_{x^{(k)}} < \varepsilon$,则停止计算,得到近似极小点 $d_i^{(k)}$ 和 $d_j^{(k)}$,否则转步骤④。

④若 $\left\| \dfrac{(b_i-b_c)_{x^{(k)}}}{(b_i-b_c)_{x^{(k-1)}}} \right\| \geqslant \beta$，则令 $M=\alpha M$，然后转下一步。否则，直接转步骤④。

⑤用式（6.3）计算 $\boldsymbol{\lambda}^{(k+1)}$，令 $k=k+1$，返回步骤②。

式（6.2）两边取对数：

$$\ln\phi = \ln d_i - \ln p(d_i) - \ln \sum b_{ij} * d_j - \ln\boldsymbol{\lambda} - \ln(b_i-b_c) + 2\left(\ln\dfrac{M}{2} + \ln(b_i-b_c)\right)$$

然后求导：

$$\left[\dfrac{\partial\ln\phi}{\partial d_i}, \dfrac{\partial\ln\phi}{\partial d_j}\right] = 0$$

使用拉格朗日乘数法求解得到：

$$d_i^* = \sqrt{\sum_{j\neq i} b_{ij}d_j^*} - 1$$

6.4　仿真实验结果分析

为了验证基于信任的对等网络服务模型的有效性，研究人员进行了仿真实验[94]。在该仿真系统中，假设 Gnutella 网络中有 500 个服务，这些服务分为两类：第一类是自私服务（SN），其贡献值小于 0，提供的可信服务少于其占用的服务，SN 类服务占比为 50%；第二类是无私服务（AN），其贡献值大于 0，提供的可信服务资源多于其占用的服务资源，AN 类服务占比为 30%。在系统初始化时，SN 类服务不提供任何资源，而 AN 类服务平均每个贡献 10 MB 的存储资源，因此系统的总可用存储资源为 5 GB。

首先，我们比较了基于信任的博弈激励机制的对等网络服务与没有激励机制的对等网络服务在时间变化下系统可用存储资源的变化情况。在仿真实验中，50% 的 SN 节点在整个实验过程中没有贡献任何存储资源，而 30% 的 SN 节点如果连续 3 次未能获得其他服务提供的公共存储资源，则会开始贡献一定的存储资源。从图 6.1 中可以看出，系统可用存储资源随时间的增加速度，在无激励机制的对等网络服务中比在引入激励模型的对等网络服务中要慢。这主要是因为对等网络中的节点对于贡献存储资源缺乏积极性，其是否贡献存储资源并不直接影响其可占有的存储资源。而引入激励模型的对等网络则不同，节点可使用的存储资源与其贡献量密切相关。贡献的存储资源越多，获得的收益越高，从而可使用的存储资源也会增加。如果服务未能提供可信的存储资源，且由于占用存储资源，其贡献值低于 0，并且这种情况持续一段时间，审查节点将会剥夺其占用的可信存储资源，以维护系统的公平性。

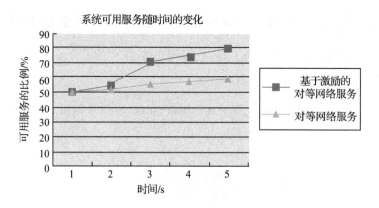

图 6.1　系统可用服务的变化

　　其次,对比了基于激励模型的对等网络和没有引入激励机制的对等网络随着时间的变化,系统中自私服务的变化情况。在仿真实验中,对于 AN 类节点,如果连续 3 次都申请到了其他节点贡献的存储资源,则转变为 SN 类节点。30％的 SN 类节点在整个实验过程中不贡献任何存储资源,而 70％的 SN 节点,如果连续 3 次申请不到其他节点贡献的公共存储资源,则贡献出一定的存储资源,从而转变为 AN 类节点。如图 6.2 所示,在对等网络中,自私服务随时间的变化上升很快。而在引入激励模型的对等网络中则相反,SN 类节点占整个系统节点的百分比下降得很快,最终稳定在 10％左右。可见,该激励模型能有效地抑制服务的自私行为,为系统的良性发展奠定基础,从而证明了所提出的对等网络服务的信任模型的有效性。

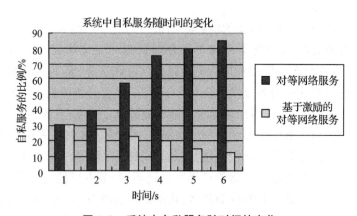

图 6.2　系统中自私服务随时间的变化

6.5　本章小结

在对等网络环境下,网络节点具有很大的动态性,对于不稳定的节点,很难收集节点的完整信息,以大规模的节点为基础建立信任模型存在很大的困难和风险。针对这种挑战,将博弈论的思想引入对等网络中,研究基于对等网络环境的信任模型,给出了模型的求解算法,最后通过仿真实验分析了算法的可行性和有效性。证明了建立的对等网络服务的信任模型的有效性,一方面可以激励可信度高的服务,对可信度高的服务进行奖励,同时抑制可信度低的服务,从而促使对等网络的良性发展,提供有质量保证的对等网络服务。

第7章 对等网络在社交平台中的应用

移动对等网络(mobile peer-to-peer network，MP2P)是一种新型的网络结构,它可以直接将移动设备之间的通信连接起来,形成一个分布式的网络,无须中心节点的支持,可以实现端到端的直接通信。移动对等网络广泛应用于社交、游戏、文件共享等多个领域,它的灵活性和扩展性在实时应用、应急响应等方面有巨大的潜力。移动对等网络也面临着一系列的技术难题,如网络拓扑的动态变化、移动设备的不确定性和通信性能的不稳定性等,这些问题对移动对等网络的应用产生了深远的影响。

7.1 移动对等网络概述

目前国内外对等网络的研究大多集中在对等网络的高效搜索算法、动态成员管理机制、内容复制技术、内容查询定位算法、协同工作、分布式计算、安全等方面。随着对等网络技术的快速发展,对等网络需要支持多媒体的大规模分布式应用,而多媒体对网络通信提出了新的要求:不但需要确保正常传输,还要考虑到网络中设备的移动性。

移动对等网络[95]为叠加在移动网络环境中网络层之上的会话层覆盖网络,能够利用多种带宽和服务质量的底层接入技术,其主要目的是以直接交换的方式实现移动终端设备之间数据资源的共享与服务的协同。MP2P 的特点如下:数据的分发手段,属于应用驱动型;移动对等网络侧重于在会话层建立面向特定应用的高效组网策略;网络中任意两个节点之间从逻辑上都可以看作直接稳定连接。

移动对等网络的技术原理基于对等网络技术,即在网络通信中,各个节点具有相同或类似的地位,能够充当服务器和客户端的角色,进行对等的数据交换和管理。它不需要集中式的服务器进行数据的转发和存储,而是通过点对点的直接连接,将数据分散存放在各个节点上,从而实现网络资源的共享和利用。

7.1.1　移动对等网络的特征

移动对等网络将对等计算构建于移动自组织环境中,因此综合了两者的特性。其主要特征如下。

①网络拓扑结构不断变化:由于节点频繁地加入或退出,以及节点有限的传输范围和移动性,移动对等网络的拓扑结构具有更强的变化性和不可预测性。这会导致覆盖层与底层物理网络的连接状态不匹配,可能引起资源发现和数据传输的低效。

②节点自身资源受限:移动对等网络中的节点通常是掌上电脑、手机等移动终端,这些节点通过无线信道相连。因此,节点的能量、处理和存储能力、无线带宽等资源有限,服务连接的数量也受到限制。在无代理服务器的情况下,节点受所支持协议的限制,无法直接接入对等网络。

③网络层编址和标识机制不统一:移动网络环境的异构性使得其网络层所采用的编址及通信方式有很大不同。这要求移动对等网络必须屏蔽网络层中不同网络设备标识的差别。

7.1.2　移动对等网络的关键技术

移动对等网络的关键技术涉及多个方面,包括网络拓扑管理、资源发现与共享、数据传输与负载均衡、安全与隐私保护、跨层优化与协同以及移动性管理等。这些技术的发展和应用将推动移动对等网络向更高效、更安全、更可靠的方向发展[96-97]。

1. 移动对等网络的体系结构

移动对等网络将成千上万的计算机用户连接起来,彼此提供并共享资源与服务。移动对等网络的系统结构是动态变化的,会不断有新用户加入或老用户离开。因此,移动对等网络一般需要引入动态成员管理机制,用于管理用户加入、离开以及故障处理。移动对等网络现在发展得非常迅速,但尚未形成统一的结构形式,其体系结构直接关系到各个方面,是必须首先解决的问题,也是对等网络研究的核心问题。

2. 异构网络的互通与融合

异构网络是一种类型的网络,由不同制造商生产的计算机、网络设备和系统组成,大部分情况下运行在不同的协议上,支持不同的功能或应用。

关于异构网络的研究可以追溯到 1995 年,当时美国加州大学伯克利分校发起了BARWAN(bay area research wireless access network)研究。该研究负责人首次提出将不同类型的网络相互融合,以形成异构网络,从而满足未来终端对多样化服务的需求。为了能够同时连接多个网络,移动终端需要具备支持多种网络的接口,这种终端被称为多模终端。由于多模终端能够接入多个网络,因此在使用过程中必然会涉及网络之间的切换。在过去的十几年里,异构网络在无线通信领域引起了广泛关注,并成为下一代无线网络的发展方向。许多组织和研究机构对异构网络进行了深入的研究,包括第三代合作伙伴计划(3rd Generation Partnership Project,3GPP)、米拉德国际控股集团公司(MIH)、欧洲电信标准协会(ETSI)、朗讯科技、爱立信以及美国的佐治亚理工学院和芬兰的奥卢大学等。

3. 移动对等网络可扩展性

随着公司结构日益分散,为员工和客户提供便捷的消息和协作工具变得愈加重要。异构网络的出现使得协同工作成为可能。然而,传统 Web 方式的实现给服务器带来了巨大负担,导致高昂的成本支出。移动对等网络技术的出现,使得互联网上的任意两台 PC 能够实时连接,创建了一个安全且共享的虚拟空间,供人们进行各种活动,这些活动可以同时进行或交互进行。移动对等网络技术能够帮助企业、关键客户及合作伙伴建立安全的在线工作联系,因此其可扩展性备受关注。

4. 资源发现策略

资源发现是移动对等网络中的重要问题之一。由于节点资源受限且分布不均,如何高效地找到所需资源成为一个挑战。关键技术包括基于洪泛的资源搜索算法、基于索引的资源搜索算法以及基于移动 Agent 的路由搜索算法等。这些技术旨在提高资源搜索的效率和准确性,同时降低网络开销。

5. 节点的移动性

移动性是移动对等网络的基本特性之一。关键技术包括位置管理算法、移动性预测模型以及切换管理机制等。这些技术旨在提高节点的移动性管理能力,确保节点在网络中的连续性和稳定性。

6. 数据分发

移动对等网络中数据分发一般包括以下 4 个过程:数据处理、路由选择、数据发送和数据接收。如何结合移动对等网络环境的自身特点设计高效的数据分发机制是需要研究的重要内容。

7. 数据传输与负载均衡

在移动对等网络中,数据传输的效率和负载均衡是确保网络性能的关键。关键技术包括基于优先级的数据传输策略、基于网络状况的动态路由选择算法以及负载均衡算法等。这些技术旨在优化数据传输路径,提高数据传输速度,同时平衡网络负载,避免网络拥塞。

8. 安全与隐私保护

移动对等网络中的安全和隐私保护问题至关重要。关键技术包括数据加密技术、身份认证机制、访问控制策略以及隐私保护算法等。这些技术旨在确保用户数据的安全性和隐私保护,防止数据泄露和非法访问。

9. 跨层优化与协同

移动对等网络需要综合考虑网络层、数据链路层和应用层等多个层次的优化和协同工作。关键技术包括跨层设计、协议优化和资源协同管理等。这些技术旨在提高网络的整体性能和资源利用率,同时降低网络开销和延迟。

7.1.3　移动对等网络的未来发展

移动对等网络作为对等网络技术在移动网络环境中的延伸,其未来发展方向将受到技术进步、市场需求、政策导向等多种因素的影响。通过技术融合与创新、应用场景拓展、安全与隐私保护以及标准化与规范化等措施的推进,移动对等网络将实现更加高效、安全、可靠的数据传输和资源共享服务,为人们的生活和工作带来更多便利和价值。

1. 技术融合与创新

随着 5G 技术的普及和未来 6G 等通信技术的发展,移动对等网络将能够利用更高速、低延迟的网络环境,实现更高效的数据传输和资源共享。5G 及未来通信技术提供的边缘计算、网络切片等功能,将进一步优化移动对等网络的性能和用户体验。人工智能技术的发展将推动移动对等网络向更智能化、自动化的方向发展。例如,通过机器学习和数据分析,网络可以自动优化资源分配,提高数据传输效率。大数据技术将帮助移动对等网络更好地管理节点资源、监控网络状态,从而提高网络的稳定性和安全性。

2. 应用场景拓展

随着物联网技术的发展,越来越多的智能设备将接入移动网络。移动对等网络将为这些设备提供高效、低成本的数据传输和资源共享服务。在智能家居领域,移动对等网络可以实现设备之间的无缝连接和协同工作,提高家庭生活的便捷性和智能化水平。移动对等网络将在智能交通和车联网领域发挥重要作用。例如,车辆之间可以通过移动对等网络实时共享路况信息,提高行驶安全性;交通管理部门可以利用移动对等网络实现对交通流量的实时监控和调度。在线教育和远程医疗是近年来快速发展的应用领域。移动对等网络可以为这些应用提供稳定、低延迟的数据传输服务,确保用户获得高质量的在线教育和医疗服务。

3. 安全与隐私保护

随着网络安全威胁的不断增加,移动对等网络将加强数据加密和隐私保护技术,确保用户数据的安全性和隐私性。通过采用先进的加密算法和隐私保护机制,移动对等网络将为用户提供更加安全、可靠的数据传输和资源共享服务。为了确保网络中的节点身份真实可靠,移动对等网络将建立更加完善的信任机制和身份验证体系。例如,通过采用区块链技术、数字签名等技术手段,实现对节点身份的认证和追溯。

4. 标准化与规范化

为了促进移动对等网络的广泛应用和互操作性，相关部门将推动相关技术标准的制定和完善。这将有助于降低开发成本，提高网络兼容性，并推动移动对等网络的规模化应用。

随着移动对等网络的不断发展，监管机构将加强对该领域的监管力度，确保网络运营符合法律法规要求。同时，网络运营商也将积极履行社会责任，加强自律和合规性管理。

7.2　社交平台的国内外现状

社交平台是一种在线平台，供人们交流、分享信息、建立联系和互动。它们已经成为现代社交生活中不可或缺的一部分，并在全球范围内迅速发展。

社交平台的历史可以追溯到 20 世纪 90 年代中期的早期互联网时代。当时的社交平台大多是基于电子邮件、在线聊天和论坛的。这些平台通常只允许用户与少数人互动，因此社交互动的范围和深度都受到限制。随着互联网的发展和技术的进步，社交平台开始向更广泛的用户群体开放。2003 年，MySpace（聚友）成为第一个真正意义上的社交平台，允许用户创建个人资料、上传照片和音乐，并与其他用户互动。随后，Facebook（脸书）在 2004 年推出，其成功的推广和用户增长成为社交平台发展的里程碑。2005 年，YouTube 的推出进一步扩展了社交平台的范围，使用户可以轻松地上传和分享视频。同年，LinkedIn（领英）成为第一个专注于职业网络的社交平台，它使用户能够建立职业联系和传输职业资料。21 世纪 10 年代，移动设备和智能手机的普及使得社交平台的使用更加便捷。WhatsApp、Instagram、Snapchat 等新兴的社交平台也随之出现，它们拥有不同的功能和特点。

在国内，社交平台的历史可以追溯到 21 世纪初期。较早的社交平台之一是中国的"校内网"，它是一个大学校园社交平台，允许学生创建个人资料、上传照片和建立联系等。在此之后，国内也相继涌现了一批社交平台，例如"开心网""人人网"等。2009 年，新浪微博推出，它将短消息、博客、关注、评论等功能相结合，快速成为中国社交媒体的领导者。随后，"腾讯微博""百度贴吧""豆瓣"等平台相继涌现。21 世纪 10 年代初期，移动互联网的崛起进一步加速了中国社交平台的发展。微信于 2011 年推出，成为中国较大的社交应用程序之一，其聊天、朋友圈、公众号等功能被广泛使用。同时，抖音、快手等短视频平台也在中国迅速崛起。在中国，社交平台的发展和演变也受政策和监管的影响。2018 年，我国政府发布了一项"实名制"规定，要求社交平台用户必须使用真实身份信息注册账号。此外，对于一些存在负能量、传播虚假信息等问题的社交平台，我国政府也会采取相应的管理措施[98]。

7.3 基于对等网络的社交网络模式

基于对等网络的社交平台的本质就是去中心化的在线社交网络。与集中式社交网络相比,基于对等网络的分布式特性为用户提供了三个主要好处。

①在理想情况下,提供商的运营成本降至零,因为所有资源都由用户提供。因此,没有货币要求来出售用户数据。可以开发为开源解决方案并由用户运行,从而完全不需要提供商。

②可以应用更好的、面向用户的隐私控制。不需要信任任何人,因为可以应用数学上可验证的访问权限管理机制,并且可以验证公开可用的源代码以正确实现安全机制。鼓励创新发展[60],因为通信和存储选择方面的资源广泛可用。因此,根据用户的贡献,可以提供几千兆字节的存储空间以解决典型用例。例如,文件同步、工作区共享和消息传递大文件。

③网络性能不会随着用户数的增加而降低。作为互联网行业的重要组成部分,社交平台已经成为人们日常生活中不可或缺的一部分。目前,全球范围内的社交平台用户数量已经达到了数十亿级别,成为一个巨大的市场。在社交平台市场中,Facebook、YouTube、WhatsApp、Instagram、TikTok 等平台仍然是全球范围内用户数量较多的社交平台。尽管 Facebook 的用户数量增长已经开始放缓,但其仍然是全球较大的社交平台之一,其广告收入也在不断增长。除了全球范围内的社交平台,中国的社交平台市场也在不断扩大和创新。目前,微信、抖音、快手、微博等平台在中国的用户数量都已经达到了数亿级别,成为中国社交媒体市场的领导者。其中,短视频平台的用户数量增长尤为迅速,成为中国社交媒体市场的一大亮点。

社交平台在全球范围内已经成为一个巨大的市场,其用户数量和广告收入仍在不断增长。但同时,社交平台也需要进一步加强信息管理和用户隐私保护,以应对新的技术和风险挑战。

社交平台市场也存在一些问题和挑战。例如,社交平台上的信息和内容不时出现虚假、低俗等情况,社交平台在信息披露、用户隐私保护等方面也需要进一步加强管理。同时,随着人工智能和大数据技术的发展,社交平台也面临着个人信息泄露和隐私侵犯等新的风险和挑战[1]。

7.4 基于对等网络的社交平台的关键技术

目前国内外这些社交平台提供的服务支持通过消息传递、聊天或音频/视频会议以及内容共享进行交互。这些平台中的大多数都使用集中式计算系统,因此系统的控制和管理完全掌握在一个提供商手中,必须信任该提供商来安全地处理数据和通信。根据对等网络的特点和应用，可以把对等网络的思想和技术引入社交平台中，对等网络技术可以有效解决社交平台目前存在的问题。首先，详细阐述了基于对等网络的在线社交平台的属性，并定义了平台的功能模块。这些模块包括创建用户/身份管理、可靠数据存储、安全通信、访问控制和通用可扩展性等功能模块。其次，阐述了基于对等网络的社交平台框架的关键技术，主要包括多维索引机制、存储技术、数据可用性、分布式数据结构、安全机制等。最后，分析了基于对等网络的在线社交网络平台的实现[99]。

7.4.1 基于对等网络的社交平台的构建

基于对等网络的社交平台可以分为对等网络覆盖层、对等网络结构、社交平台元素、图形用户界面四个功能模块[100-102]。这些模块负责可靠地互连节点，提供丰富的基于对等网络的互动功能，并构建高质量、具有吸引人的社交网络功能。下面将详细阐述这些功能模块定义的技术要求，如图7.1所示。

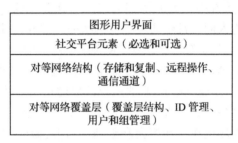

| 图形用户界面 |
| 社交平台元素（必选和可选） |
| 对等网络结构（存储和复制、远程操作、通信通道） |
| 对等网络覆盖层（覆盖层结构、ID 管理、用户和组管理） |

图7.1 基于对等网络的社交平台

（1）对等网络覆盖层

对等网络覆盖层是框架的第一层。它定义了节点的组织方式以实现社交网络的主要目的。覆盖网络需要节点具有节点标识符、路由表，并维护与网络中其他节点的连接列表。因此，该层提供的服务包括处理寻址方案、节点的加入和离开协议、路由协议和维护协议，并确保对等方能够适应网络的动态变化。对等网络覆盖层定义了用户节点和数据的寻址、消息路由、安全性等机制。

这些要求未在对等网络的覆盖层中被明确列出。在提高系统鲁棒性方面，有两点值得考虑。

①对动态节点稳健性的考虑。对等网络覆盖层中的节点会随机加入和离开网络，这会导致路由表中出现无效的断开/连接条目。因此，当需要连接时，节点可能需要替换丢失的联系人，从而导致延迟。有时延迟对路由表的影响太大以至于无法达到正确的状态，从而产生网络分区。因此，需要协议来保持路由表的一致性和可操作性。

②对攻击的稳健性的考虑。在保证通信认证和安全的前提下,仍可能存在协议的节点危害网络并造成破坏的情况。这样的攻击还可能导致网络分区,阻碍正确的路由,导致查找失败,或吸引路由以及维护流量以监视节点行为。该覆盖层应能识别恶意节点的存在,在节点破坏网络功能时,及时发现恶意节点的行为。

(2)对等网络的构建

对等网络的构建是系统的第二层。它拥有高级功能,支持构建基于对等网络的社交平台的用户和组织管理、数据存储和复制、单个以及群组通信、监控。有了一套成熟可靠的机制,独立于后续用例,就可以构建无须了解底层对等网络的丰富应用程序。其中包含单一数据存储、可靠数据冗余、用户和组的数据访问控制、直接通信、多播、发布和订阅等功能。下面将详细讨论这些功能。

为了系统更好的性能,关于安全的分布式数据结构存储选项与分布式质量监测和控制回路的可选要求也需要考虑,具体内容如下。

①安全的分布式数据结构存储选项。到目前为止,它适用于存储简单的数据,如配置文件数据和小文件等。然而,当存储更复杂的数据结构时,例如包含数百张照片的相册列表,当单个照片过载时,会发现它的局限性。在这种情况下,建议通过将关联的数据项存储在不同的节点上来分发数据,从而分配负载并允许并行化的数据检索。数据分发服务(DDS)提供了一种创建和访问为其量身定制的数据项的社交平台。典型的用例包括无序的集合(如相册中的照片)、已排序的列表(如用户墙上的评论)以及树结构(如协作空间的文件夹结构)。DDS应包括细粒度的访问控制,例如,允许向集合或列表添加条目、调整树结构,而无须替换整个数据结构。虽然单个数据项很重要,但DDS的使用在对等网络中更方便,因为其更贴合社交平台的需求。

②分布式质量监测和控制回路。有关社交平台性能的信息可以帮助识别性能不佳的情况,并给出关于如何控制性能的指导。集成到系统中的监控模块可能用于获取关于对等网络性能的信息,而社交平台则采用汇总统计的形式来收集这些信息。这样的统计信息包括总、平均、最小和最大检索时间,网络流量,存储负载和标准偏差。此类完整、汇总且及时的信息的可用性,使用户、潜在运营商和系统本身能跟踪对等网络及社交平台的性能。通过分布式监控信息控制环路,可以在对等网络中实现自动调整,以确保性能达到并保持目标。

(3)社交平台元素

基于对等网络的社交平台的使用情况,因为它们不提供诸如档案处理、朋友列表或相册等功能,因此在实现社交平台的特定功能时,理想情况下应使用模块化系统,利用对等网络覆盖层和对等网络架构所提供的功能来实现,并允许程序员轻松添加新的社交插件。

社交平台至少需要个人存储空间(档案)和社交联系人(朋友)。在社交图遍历过程中,节点可以连接到朋友并浏览这些朋友的配置文件。除此之外,用户还期望有通信(消息传递、对话墙)以及共享存储空间等基本功能,通过这些功能用户可以分享相册和相互链接等。主要互动发生在直接消息通信中,通过发表评论、上传照片等方式进行。插件层中对等网络框架提供了质量标准,并建立了基本的安全机制,以及方便的存储和通信功能。社交平台还定义了一组特定的要求,所有插件必须遵循。

(4)图形用户界面

大多数流行的操作系统的网络都可以通过浏览器访问。因此,图形用户界面应基于浏览器支持 HTML5 的最新功能。它应该能够展示所提供的社交功能,并能轻松集成后续添加的社交应用。添加的社交应用应限制其他应用程序修改演示文稿的权限。

7.4.2　基于对等网络的社交平台技术

基于对等网络的社交平台的设计首先要考虑多方面的需求,尤其要重点考虑功能需求和非功能需求。下面将详细讨论这些需求。

1. 功能需求

功能需求规定了系统必须做什么才能满足其存在的核心要求[103]。它描述了一个或多个系统组件提供的有用功能[104],或系统在特定条件下的行为。以下是关于社交网络所需的核心功能的讨论[105-106]。

①个人存储空间管理。用户在创建账户和配置文件后应管理被分配的存储空间,允许存储、删除和操作(或编辑)用户内容。大多数社交网络通常允许用户向其社交联系人报告自己在个人空间中的操作,除非用户明确禁止此功能。

②社交连接管理。用户可以通过建立、维护、撤销社交联系来定义他们与其他用户的关系。用户还可以找到并重新建立与失联朋友的联系,基于共同的意识形态和媒体内容等兴趣,形成新关系。

③社交图遍历。也称为社交遍历。通过遍历在线社交图并检查其他用户的朋友列表,可以检索搜索列表。使用遍历策略时,遍历可能仅限于一部分用户。

④通信方式。这确保了用户通过文本、音频、视频、照片或其他格式的消息交互的必要安全通道的存在。消息可以是公开的,也可以是私密的。社交网络还应支持同步通信和异步通信。

⑤共享存储空间交互。允许用户通过墙壁、论坛或常用共享文件夹进行交互。拥有访问控制的共享存储空间可以添加基于数据交互的更复杂的应用程序,例如协作、游戏、数字工作场所等。

⑥搜索设施。使用户能够通过探索社交网络空间来查找和联系新联系人。

2. 非功能需求

非功能需求是系统的重要品质,这些需求形成了一个有吸引力、可用、快速、可靠且安全的系统[107]。它们描述了系统所显示的特征以及系统应该遵守的约束。重点考虑的社交网络非功能需求包括隐私要求和安全要求。这些非功能需求与前面的功能需求有密切的关系。

①隐私。系统必须提供保密性、所有权隐私、社交互动隐私和活动隐私。

②安全性。为了提供适当的安全性,系统还必须包括渠道的可用性、身份验证、数据完整性和真实性,有些还包括不可否认性。

3. 多维索引机制

除了支持简单的搜索或基于关键字的查找查询,对等网络系统还支持复杂的富文本查询和多维索引[108]。多维索引(multi-dimensional index,MI)允许用户在某些情况下高效地执行诸如地理空间数据的多维数据查询。基于对等网络的操作系统在网络中的资源发现中,在查找其他资源时,首选的方法是结合查找(无语义索引)机制以提供高效的搜索和检索服务。

7.4.3 基于对等网络的社交平台实现

有研究人员[109]提出了一种基于对等网络架构的社交网络,该网络支持分布式环境中的社会计算服务。该社交网络旨在实现架构的可扩展性、内容分发的可靠性和管理的自主性。它还旨在解决异构问题,使用某些具有更多资源(如存储、处理能力和带宽)的对等节点(称为超级对等节点)来支持需要复杂操作的其他对等节点。该平台的对等网络架构基于 Gnutella 协议的超级对等网络。它实现了身份验证和发布两种服务,以减少对集中式服务器的依赖,并促进社交网络中的群组通信。身份验证服务允许用户访问网络服务。通过参与更多的社交活动,用户可以找到更多的超级对等节点。身份验证完成后,用户可以利用发布服务向单个用户或用户组发布消息,以及从单个用户或用户组请求消息。这些消息包含用户状态、用户配置文件和讨论的更新。支持群组通信可以更新讨论的内容。群组通信是通过基于用户配置文件定义的用户组信息来实现的。用户可以选择向整个组、一组用户或仅向一个用户发送消息。发布服务通过允许用户保留对等节点和超级对等节点的个人数据来提高数据隐私保护和搜索能力。每个对等节点都有一个MySQL 数据库来存储用户数据、对等节点数据和消息。

社交网络包括多个用于用户注册的服务器。注册服务器维护一个存储超级对等节点和注册用户详细信息的数据库,而超级对等节点维护的数据库存储从注册服务器同步的注册用户信息。注册后,网络中的超级对等节点列表将被转发给用户,超级对等节点还会收到有关注册用户的更新信息。此后,用户只需在登录时在超级对等节点上进行身份验证即可。如果超级对等节点处于离线状态,则用户可以向注册服务器进行身份验证,并获取更新后的超级对等节点列表。这种设计思路存在的问题是,系统对方法的强烈依赖在于只支持消息传递,即节点可以相互推送和拉取数据,但缺乏可靠的数据存储机制。因此,在上层构建有吸引力的社交网络的应用场景较为有限。

HPOSN[110]是基于对等网络的优化混合在线社交网络模型,而不是完全分布式的社交网络。它旨在解决本地服务故障分区(local service failure partition,LSFP),即设备或链路故障、集中式社交网络中的网络攻击导致的故障分区,进而导致网络无法访问的情况,这完全阻止了用户登录网络。

利用对等网络技术和集中式服务器为 LSFP 问题提供解决方案。该应用程序在正常情况下以集中模式运行,并在出现 LSFP 问题时切换至补充对等网络模式。只有被认为重要的数据存储在本地终端中,其余的存储在服务器中。存储在服务器上的不重要数据的索引由节点维护。

安全功能的实现与集中式社交网络明显不同,HPOSN 利用社交虚拟专用网络来支持节点之间的直接通信。系统采用洋葱路由来保证匿名通信。存储在终端和服务器上的数据使用非对称加密算法进行加密,并使用用户的私钥对数据进行解密[111]。

该提案由于对集中式服务器的强烈依赖,并不能完全保证隐私的各个方面。系统提供商仍然可以访问私有数据,并可能使用数据挖掘算法来挖掘有关用户的更多信息。此外,由于使用服务器作为网络的主要存储,整个系统的可扩展性也存在问题。

7.5　基于对等网络的社交网络的发展

构建在完全分布式环境中运行的社交网络并不是一个新想法,研究人员已经进行了相当广泛的研究。特别是,通过对等网络构建去中心化的在线社交网络平台已成为解决集中操作的累积成本以及安全和隐私问题的一种有效方法。然而,正如研究表明的那样,任何基于对等网络的社交网络都必须至少满足社交网络所需的功能需求,同时满足非功能需求,以便有效地解决所提出的问题,并确保用户享受最好的服务。

需要令人满意的对等网络协议标准,不同的解决方案使用不同的对等网络机制组合来实现功能性和非功能性要求。这表明需要采用对等网络技术标准。大量的事实表明对等网络技术中任何给定问题的解决方案具有多样性,以及可以对其进行调整以实现所需功能的便利性。通常,在对等网络平台上设计的大多数应用程序,特别是社交网络,似乎遵循架构的一般格式。覆盖层(此处称为框架)和应用程序之上的必需服务[112]中提出了相关的布局,这是对等网络应用标准的先驱。

根据实现标准的需求,对文献中提出的单个对等网络组件解决方案进行全面调查,得出这些解决方案符合对等网络架构的基本技术要求的结论。

从研究系统到主动使用系统,基于对等网络的社交网络的研究已经较成熟,许多提案在很大程度上以独特的方式解决集中式社交网络中遇到的一个或多个挑战。到目前为止,除了少数情况,这些提议的系统在现实世界中的可行性和行为还需要实验和验证。为了与集中式社交网络竞争,基于对等网络的社交网络的设计者必须努力确保他们提供的产品能够到达用户手中,并找到告知用户其产品存在的方法。尽管在许多情况下,研究的重点是解决安全和隐私问题,但仍需要在安全性、隐私性和系统可用性之间找到平衡,这些可以通过部署提案并根据系统行为监测用户行为,然后进行适当调整来实现。

提议激励用户社区的系统已上线,但要吸引用户开始使用还需要一定的时间。基于对等网络的社交网络已经存在了一段时间,但用户社区的增长速度与集中式社交网络不同。建立在 Diaspora、Friendica 和 Mastodon 等联合解决方案上的基于对等网络的社交网络已能够积累一定规模的用户社区,但其用户规模远远小于集中式社交网络。一般来说,基于对等网络的社交网络能提供许多功能,例如更高的安全性和更精细的隐私控制,但面临的最艰巨的任务是说服集中式社交网络用户迁移并使用它们,因为集中式社交网络拥有庞大的现有用户群、全球范围内易于访问的特性以及成熟的基础设施。社交网络提供商将用户数据货币化的能力作为集中式社交网络持续增长和建立的主要原因。到目前为止,在用户看来,使用集中式社交网络的累积收益比使用基于对等网络的社交网络要好得多。

在对等网络技术的早期,大多数基于对等网络的社交网络倾向于两个方向:一种是纯对等网络(结构化、非结构化或组合),另一种是使用中心化技术增强的混合对等网络。纯对等网络应用程序的一个主要缺点是需要一个始终在线的引导节点,以确保形成的网络保持活动状态,这反过来又会影响配置文件和内容的可用性以及内容分发。混合对等网络系统尽管克服了纯对等网络系统中面临的这些挑战,但重新引入了影响社交网络的集中式系统的不足。因此,对于任一提出的解决方案都必须权衡利弊,并了解系统设计人员愿意在哪些方面与用户协商,才能更好地服务于用户,从而得到更多的发展和应用机会。

7.6　本章小结

本章首先将对等网络引入移动网络中,介绍了移动对等网络的概念和特征,然后论述了其关键技术,并讨论了移动对等网络的未来发展方向。对等网络在社交平台中的应用分为三个主要部分。第一部分通过将对等网络引入社交网络,为基于对等网络的社交平台奠定了基础,为整个研究提供了清晰的路线图。第二部分分析了基于对等网络的社交平台的功能模块,对在线社交网络中应用的对等网络的关键功能进行了全面细分和讨论,重点讨论了平台实现的需求和所需要的关键技术。最后一部分对现有的基于对等网络的社交平台进行了分析,并讨论了基于对等网络的社交平台的未来发展方向。

第8章　对等网络在区块链中的应用

区块链的主要技术包括密码学、共识算法、分布式存储以及对等网络。从密码学的数据保护,到共识算法的数据一致性,再到分布式存储的数据冗余和对等网络的通信架构,这些技术相互配合,共同构建了一个安全、去中心化的网络。尤其对于区块链的分布式对等网络来说,其基本不存在单点故障,就算节点动态变化也不会对整个系统产生影响。同时,节点间互相合作却又不完全信任的情况使对等网络显得尤为重要。这些技术的应用和创新将持续推动区块链技术的发展。

8.1　区块链概述

8.1.1　区块链的定义

区块链[113]就是由一个又一个区块组成的链条。每一个区块中保存了一定的信息,它们按照各自产生的时间顺序连接成链条。这个链条被保存在所有的服务器中,只要整个系统中有一台服务器可以工作,整条区块链就是安全的。这些服务器在区块链系统中被称为节点,它们为整个区块链系统提供存储空间和算力支持。如果要修改区块链中的信息,必须征得半数以上节点的同意并同步更新所有节点中的信息,而这些节点通常掌握在不同的主体手中,因此篡改区块链中的信息是一件极其困难的事。相比于传统的网络,区块链具有两大核心特点:一是数据难以篡改,二是去中心化。基于这两个特点,区块链所记录的信息更加真实可靠,可以帮助解决人们互不信任的问题。

狭义区块链是按照时间顺序,将数据区块以顺序相连的方式组合成的链式数据结构,并以密码学方式保证其不可篡改和不可伪造的分布式账本技术。广义区块链技术是利用区块链式数据结构验证与存储数据,利用分布式节点共识算法生成和更新数据,利用密码学的方式保证数据传输和访问的安全,利用由自动化脚本代码组成的智能合约编程和操作数据的全新分布式基础架构与计算范式的总称。

8.1.2　区块链的发展历程

2008 年,中本聪第一次提出了区块链的概念[114]。在接下来的几年中,区块链技术成为加密货币比特币的核心组成部分,充当所有交易的公共账本。通过点对点网络和分布式时间戳服务器,区块链数据库实现了自我管理。区块链技术成功解决了数字货币的重复消费问题。

2014 年,"区块链 2.0"开始流行,它指的是去中心化的区块链数据库[115]。经济学家们将这一代可编程区块链视为一种编程语言,允许用户创建更复杂和更智能的协议。因此,当利润达到一定水平时,用户可以从完成的货运订单或共享证书中获得收益。区块链 2.0 技术取消了传统交易中的中介机构,旨在帮助人们摆脱全球化经济的束缚,保护隐私,并使人们能够将掌握的信息转化为货币。此外,它还确保知识产权所有者能够获得应有的收益。第二代区块链技术使得存储个人的"永久数字身份和形象"成为可能,并为解决"潜在的社会财富分配"不平等的问题提供了新的思路。

2019 年 1 月 10 日,国家互联网信息办公室发布《区块链信息服务管理规定》。2019 年 10 月 24 日,中共中央政治局就区块链技术发展现状和趋势进行第十八次集体学习时,强调把区块链作为核心技术自主创新的重要突破口,加快推动区块链技术和产业创新发展。区块链走进大众视野,成为社会关注的焦点。

2021 年,国家对区块链行业的发展给予了高度重视。各部委发布超过 60 项与区块链相关的政策。区块链不仅被纳入《"十四五"规划纲要》,各部门还积极探索其发展方向,全面推动区块链技术在各个领域的应用。出台的相关政策强调了各行业与区块链技术的结合,旨在加速区块链技术和产业的创新发展,营造持续利好的政策环境。2022 年 11 月,蚂蚁集团数字科技事业群在云栖大会上宣布,历经 4 年的关键技术攻关与测试验证的区块链存储引擎 LETUS(log-structured efficient trusted universal storage)首次对外开放。

2022 年 11 月 14 日,北京微芯区块链与边缘计算研究院的长安链团队成功研发海量存储引擎 Huge(中文名"泓"),该存储引擎可支持 PB 级数据存储,是目前全球支持数据量级最大的区块链开源存储引擎。

2023 年 2 月 16 日,区块链技术公司 Conflux Network 宣布与中国电信达成合作,计划在香港试行支持区块链的 SIM 卡。

2023 年 3 月 30 日,全国医保电子票据区块链应用启动仪式在浙江省杭州市举行。这项应用是全国统一医保信息平台建设的重要组成部分。在全领域和全流程中应用医保电子票据和区块链技术,能为医疗费用的零星报销业务提供强有力的技术支持,确保操作的规范化、标准化和智能化,实现即时生成、传输、存储和报销的全过程"上链盖戳"。

8.1.3　区块链的类型

区块链可以分为公有区块链、行业区块链和私有区块链[116]。

1. 公有区块链

公有区块链(public block chains):世界上任何个体或者团体都可以发送交易,交易在获得该区块链的有效确认后,任何人都可以参与其共识过程。公有区块链是最早出现的区块链,也是应用最广泛的区块链,所有比特币系列的加密数字货币均基于公有区块链,且每种货币只有一条对应的区块链。

2. 行业区块链

行业区块链(consortium block chains):由某个群体内部指定多个预选的节点为记账人,每个区块的生成由所有的预选节点共同决定(预选节点参与共识过程),其他接入节点可以参与交易,但不参与记账过程(实际上仍是托管记账,只是转变为分布式记账形式,预选节点的数量以及如何确定每个区块的记账者是该区块链的主要风险点)。此外,任何人都可以通过该区块链开放的应用程序接口(application program interface,API)进行有限的查询。

3. 私有区块链

私有区块链(private block chains):仅仅使用区块链的总账技术进行记账,可以是公司,也可以是个人,独自拥有该区块链的写入权限。此类区块链与其他的分布式存储方案并无太大区别。传统金融机构通常倾向于尝试私有区块链,公链的应用已经实现了产业化,而私链的应用产品仍在探索阶段。

8.1.4　区块链的特征

区块链的特征[117]可以分为以下几个方面。

1. 去中心化

区块链技术不依赖额外的第三方管理机构或硬件设施,没有中心管制,除了自成一体的区块链本身,通过分布式核算和存储,各个节点实现了信息验证、传递和管理。去中心化是区块链最突出的特征。

2. 开放性

区块链技术的基础是开源的,除了交易各方的私有信息被加密外,区块链的数据对所有人开放,任何人都可以通过公开的接口查询区块链数据和开发相关应用,因此整个系统的信息高度透明。

3. 独立性

基于协商一致的规范和协议(类似比特币采用的哈希算法等数学算法),整个区块链系统不依赖第三方,所有节点能够在系统内自动、安全地验证、交换数据,不需要任何人为干预。

4. 安全性

只要不能掌控全部数据节点的 51%，就无法肆意操控修改网络数据，这使区块链本身变得相对安全，避免了人为的数据变更。

5. 匿名性

除非有法律规定要求，单从技术上讲，各区块节点的身份信息不需要公开或验证，信息传递可以匿名进行。

8.2　区块链的模型

基于对等网络的区块链模型分为数据层、网络层、共识层、激励层、合约层和应用层[118]，如图 8.1 所示。

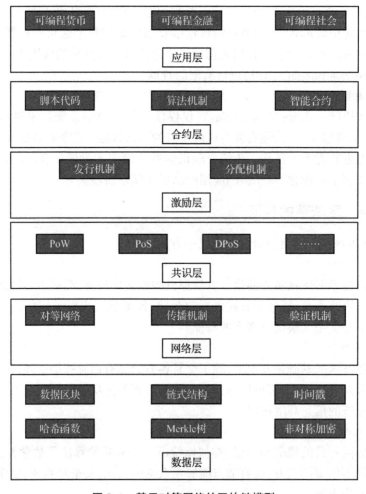

图 8.1　基于对等网络的区块链模型

　　数据层负责封装底层的数据块及其相关基础数据,例如数据加密、时间戳以及基本算法。网络层则涉及分布式网络机制、数据传播机制和数据验证机制等内容。共识层主要封装各种网络节点的共识算法。激励层将经济因素融入区块链技术体系,主要包括经济激励的发行和分配机制。合约层则封装了各种脚本、算法和智能合约,构成区块链可编程特性的基础。应用层展示了区块链的多种应用场景和案例。在这个模型中,基于时间戳的链式区块结构、分布式节点的共识机制、基于共识算力的经济激励,以及灵活可编程的智能合约,都是区块链技术的核心创新点。

8.3　区块链中对等网络的应用

　　对等网络是一种分布式应用架构,其设计理念是将路由选择、交易处理、区块数据验证、数据传播以及新节点发现等多种功能分散到网络中的不同节点上,从而使每个参与节点平等地承担任务和负载。在继承传统对等网络的功能优势的基础上,区块链对等网络通过优化节点间的数据同步、节点标识和资源定位等机制,结合共识算法,实现了所有节点账本数据的一致性[119]。

8.3.1　基于对等网络的比特币系统

　　比特币网络中的节点主要有四大功能:钱包、挖矿、区块链数据库、网络路由。每个节点都会具备路由功能,但其他功能不一定都具备,不同类型的节点可能只包含部分功能,一般只有比特币核心节点才会包含四大功能。比特币网络节点的功能如图8.2所示。

图 8.2　比特币网络节点的功能

　　所有节点都参与验证和传播交易及区块信息,并保持与其他节点的连接。其中,一些节点存储完整的区块链数据库,包括所有交易数据,这些节点称为全节点。另一些节点则仅保存区块链的一部分,通常只存储区块头而不包含交易数据,它们通过“简化支付验证”来校验交易,这类节点称为轻节点。

　　钱包通常是 PC 或手机上的应用程序,用户可以通过钱包查看账户余额、管理钱包地址和私钥,以及发起交易。除了比特币核心钱包是全节点外,大多数钱包都是轻节点。

　　挖矿节点通过解决工作量证明算法的问题,与其他挖矿节点竞争以创建新区块。有些挖矿节点同时也是全节点,能存储完整的区块链数据库,这类节点通常是独立矿工。还有一些挖矿节点并非独立挖矿,而是与其他节点连接到矿池,参与集体挖矿,这类节点称为矿池矿工。在这种情况下,会形成一个局部的集中式矿池网络,中心节点是矿池服务器,其他挖矿节点则连接到该服务器。矿池矿工与矿池服务器之间的通信并不使用标准的比特币协议,而是采用矿池挖矿协议。矿池服务器作为全节点,再与其他比特币节点通过主网络的比特币协议进行通信。

　　在比特币网络中,除了节点之间通过比特币协议进行通信的主网络外,还有许多扩展网络,例如矿池网络。不同的矿池网络可能采用不同的矿池协议。目前主流的矿池协议是 Stratum 协议,该协议除了支持挖矿节点外,也支持轻客户端钱包。

　　通常,矿工创建新区块后,需要广播给全网所有节点,当全网都接受了该区块,给矿工的挖矿奖励才算是有效的,这之后才好开始下一个区块的哈希计算。所以矿工必须最大限度地缩短新区块的广播和下一个区块的哈希计算之间的时间。如果矿工之间传播区块只采用图 8.2 所示的比特币协议网络,那无疑会有很高的网络延迟,所以需要一个专门的传播网络用于加快新区块在矿工之间的同步传播,这个专门网络也叫比特币传播网络或比特币中继网络。

　　1. 通信协议层面

　　比特币的对等网络完全基于 TCP 构建,主网默认通信端口是 8333。

　　2. 节点发现

　　对等网络比特币系统的节点发现分为初始节点发现和启动后节点发现,具体内容如下所述。

　　①比特币网络中,初始节点发现有两种方式:DNS-Seed,又称为 DNS 种子节点,比特币社区会维护一些域名,通过 nslookup 命令,这些域名可解析出数十个 A 记录的 IP。硬编码种子节点,当所有的种子节点全部失效时,全节点会尝试连接这些硬编码的种子节点。

　　②启动后节点发现。在网络中,一个节点可以将自己维护的对等节点列表发送给邻近节点,所以在初始节点发现之后,节点要做的第一件事情就是向对方节点索要列表。所以在每次需要发送协议消息的时候,它会花费固定的时间尝试与已有的节点列表中的节点建立连接,如果有任何一个节点在超时之前可以连接上,就不用去 DNS 种子节点中获取地址。一般来说,这种可能性很小,尤其是在全节点数目非常多的情况下。

　　3. 节点间通信协议

　　一旦比特币系统的节点建立连接,节点之间的交互遵循一些特定的命令,这些命令写在消息头,消息体则是消息的内容。

　　①命令的类型。常见的命令分为两种:请求命令和数据交互命令。节点连接

完成后要做的第一件事情是握手操作。这一点在比特币和以太坊上的流程是类似的,即相互问候一下,提供一些简要信息。例如,先交换版本号,看看是否兼容。握手完成后,无论交换什么信息,都需要保持长连接。在比特币中,有 PING/PONG 这两种类型的消息,这是用于保持节点间的长连接的心跳机制。请求命令一般由发起者发起。例如,比特币中的 getaddr 命令用于获取对方的可用节点列表,inv 命令用于数据传输,消息体包含一个数据向量。

②同步区块链的方法。区块同步方式一般分为 header-first 和 block-first 两种。header-first 是区块头先同步,同步完成之后再从其他节点获得区块体。block-first 区块同步的方式比较简单粗暴,它从其他节点获取的区块必须是完整的。第一种方案提供了较好的交互过程,减轻了网络负担。这两种同步方式会直接体现在节点交互协议上,它们使用的命令逻辑完全不同。

8.3.2　基于对等网络的以太坊系统

以太坊的对等网络是有结构的。以太坊的对等网络主要采用了 Kademlia(简称 Kad)算法,Kad 是一种分布式哈希表技术(distributed hash table,DHT),使用该技术可以解决在分布式环境下快速而准确地路由、定位数据的问题。下面主要讲解以太坊的 Kad 网络。

1. 通信协议层面

在以太坊的 Kad 网络中,节点之间的通信是基于用户数据报协议(user datagram protocol,UDP)的,另外设置了 4 个主要的通信协议。Ping 用于探测一个节点是否在线;Pong 用于响应 Ping 命令;FindNode 用于查找与 Target 节点异或距离最近的其他节点;Neighbours 用于响应 FindNode 命令,会返回一个或多个节点。

2. 节点发现

在以太坊网络中,也会维护一个类似的节点列表,但是这个节点列表与比特币的简单维护方式不同,它采用了对等网络协议中一个成熟的算法,叫作 Kademlia 网络,简称 Kad 网络。

基于对等网络的以太坊系统的节点发现分为初始节点发现和启动后节点发现,具体内容如下。

①初始节点的发现。以太坊网络中,初始节点发现和基于对等网络的比特币系统的节点发现思路一致,可以参考前面的叙述。

②启动后的节点发现。它使用分布式哈希表技术来定位资源。Kad 网络会维护一个路由表,用于快速定位目标节点。由于 Kad 网络基于 UDP,所以以太坊的节点发现也是基于 UDP 的。在找到节点后,数据交互会切换到 TCP 协议。

3. 节点间通信协议

为了更好地适应网络中节点频繁加入和退出的需要,基于对等网络的以太坊系统使用 KAD 协议。KAD 协议是 DHT 的一种具体实现,是第三代对等网络中节点动态管理和路由的协议,与前两代协议(Chord、CAN、Pastry)相比,KAD 以全局唯一的 ID 标记对等网络节点,以节点 ID 异或(XOR)值度量节点之间的距离,即 $Dis(M,N) = XOR(M,N)$。

在以太坊对等网络中,Kad 算法可以帮助节点快速找到其他节点并建立连接。同时,Kad 算法还可以帮助节点在网络中传输数据和交换信息,从而提高网络的效率和可靠性。此外,Kad 算法还可以防止网络中的节点遭受攻击或恶意行为,保障网络的安全性。Kad 算法可以应用于以太坊对等网络中,帮助节点快速找到其他节点,并在网络中传输数据和交换信息,从而提高网络的效率和可靠性。

Kad 算法在以太坊对等网络中具有很多优势,包括高效的节点查找、良好的容错性和安全性。这些优势使得以太坊对等网络更加稳定、可靠和安全。

Kad 算法是一种分布式哈希表算法,可以高效地解决节点查找问题。在以太坊对等网络中,节点之间需要相互通信,以便进行交易和数据传输。Kad 算法可以通过分布式哈希表快速地定位到目标节点,从而提高网络的效率和稳定性。

Kad 算法具有很好的容错性。在以太坊对等网络中,节点的加入和退出是非常常见的。Kad 算法可以通过分布式哈希表自动调整网络拓扑结构,使得节点之间的通信不受影响。这样就可以保证网络的稳定性和可靠性。

Kad 算法还具有很好的安全性。在以太坊对等网络中,节点之间的通信需要进行加密和认证,以保证数据的安全性和完整性。Kad 算法可以通过分布式哈希表快速地定位到目标节点,并且保证通信的安全性和可靠性。

8.3.3　基于对等网络的超级账本

以太坊凭借其图灵完备性和智能合约功能,将区块链技术的应用范围从数字加密货币扩展到了金融、医疗、公共服务、供应链、智能制造、保险和游戏等多个领域。比特币和以太坊是公有链应用的典型例子,而超级账本则为联盟链应用提供了一个开源的技术框架。目前,主流的超级账本项目有 Monax 和 Intel 的 Hyperledge Burrow[120]、Soramitsu 的 Hyperledge Iroha[121]、IBM 和 Digital Asset 的 Hyperledge Fabric[122]等,其中 Fabric 是目前主流的开源联盟链产品之一,主要有 Fabric0.6 和 Fabric1.0 两个版本。

1. 超级账本 Fabric 的功能模块

超级账本 Fabric 面向不同的开发人员提供不同层面的功能,自下而上可以分为 3 层。

网络层:面向系统管理员。实现对等网络,提供构建底层区块链网络的基本能力,包括代表不同角色的节点和服务。

共识机制和权限管理:针对联盟和组织的管理者。通过网络层的连通,实现共识机制和权限管理,为分布式账本提供基础支持。

业务层:此层专为业务应用开发人员而设。基于分布式账本,支持链码、交易等与业务相关的功能模块,旨在为应用开发提供更高一层的支持。超级账本Fabric 的功能模块如图 8.3 所示。

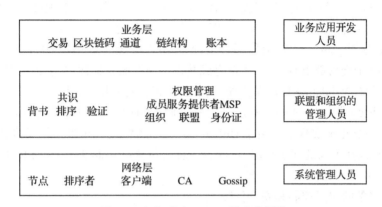

图 8.3　超级账本 Fabric 的功能模块

2. 通信协议

Fabric 为应用提供了高性能远程过程调用(gRPC) API 以及封装 API 的软件开发工具包(software development kit,SDK)以供应用调用。应用可以通过 SDK 访问 Fabric 网络中的多种资源,包括账本、交易、链码、事件、权限管理等。应用开发者只需要与这些资源打交道即可,无须关心如何实现。其中,账本是最核心的结构,记录应用信息,应用则通过发起交易向账本中记录数据。交易执行的逻辑通过链码承载。整个网络运行中发生的事件可以被应用访问,以触发外部流程或其他系统。权限管理则负责整个过程中的访问控制。账本和交易进一步依赖核心的区块链结构、数据库、共识机制等技术;链码依赖容器、状态机等技术;权限管理利用了已有的公钥基础设施体系、数字证书、加解密算法等诸多安全技术。底层由多个节点组成的对等网络,通过 gRPC 通道进行交互,利用 Gossip 协议进行同步。

基于 Gossip 的广播由节点接收来自通道内其他节点的消息,然后将这些消息转发给随机选择的、同一通道内的若干个邻居节点,这种循环不断重复,使通道中所有成员节点的账本和状态信息与当前最新状态同步。对于新区块的传播,通道上的 Leader Peer 节点从 Ordering 服务中提取数据,并向随机选择的邻居节点发起 Gossip 传播。随机选择的邻居节点数量可以通过配置文件进行配置。节点也可以使用拉取机制,而不是等待消息的传递。

3. Fabric1.0 交易流程的特点

Fabric1.0 交易流程有以下 3 个显著的优点。

①链码信任的灵活度大大提升。新版本的共识服务可以由一组单独的排序节点(Orderer)提供,允许其中部分节点发生故障或恶意行为。对于每个链码,可以选择不同的背书节点(Endorser),从而大大提升链码信任的灵活度。

②可扩展性。由于 Endorser 与 Orderer 可以是不同的两批节点,相较原先的 Validating Peer 一个节点同时完成这两件事,架构有了更高的可扩展性。例如,若有 50 个 Endorser 节点、10 个共识节点处理 10 个交易,假设每个交易需 5 个 Endorser 为交易背书,如果 policy 允许的话,最佳情况是 10 个交易正好用掉 50 个 Endorser 节点,然后 10 个交易都由 Orderer 节点完成共识。而在原先架构中,这种情况是 10 个交易需由所有 Validating Peer 节点统一验证、共识。效率和扩展性一目了然。

③共识的模块化。以前的版本中一直强调可插拔式的共识模块(Plugable),这次可以说真正地实现了。由于 Orderer 节点的剥离,现在可以根据联盟链所处环境的不同,选择不同的共识算法,目前有三种可供选择:solo、kafka 和 PBFT。

4.Fabric1.0 优势

(1)完备的权限控制和安全保障

成员必须获得许可才能加入网络,通过证书、加密、签名等手段保证安全。通过多通道功能,保证只有参与交易的节点能访问数据,其他节点无法访问。满足数据保护方面的法律法规要求。如有些行业需要知道是谁访问了特定的数据。

(2)模块化设计、可插拔架构

例如,状态数据库可采用 Level DB 或者 Couch DB 或者其他的 key-value 数据库。身份管理可以采用自己的方案。共识机制和加密算法也是可插拔的,可以根据实际情况选择替换组件。

(3)高性能、可扩展、较低的信任要求

Fabric 采用模块化架构把交易处理划分为 3 个阶段:通过 Chaincode 进行分布式业务逻辑处理和协商(endorsers);交易排序(orderders);交易的验证和提交(committers)。这样划分带来的好处是不同的阶段由不同的节点(角色 endorsers、orderders、committers)参与,不需要全网的节点都参与。网络的性能和扩展性得到优化。Peer 节点和 Orderder 节点可以独立扩展,并可以动态增加。因为只有 endorsers 和 committers 能访问真正交易的内容,只需要较低的信任要求就可以保证安全。

(4)在不可更改的分布式账本上提供丰富的查询功能

在 Level DB 上可以按关键词(key)查询、按复合 key 查询和按 key 的范围查询。Couch DB 是文档数据库,数据是 JSON 格式的。如果采用 Couch DB,除了支持按 key 查询、按复合 key 查询、按 key 的范围查询外,还支持全文搜索。

8.3.4　区块链三大技术比较

1. 概念及平台

①比特币。2008年11月1日,中本聪在对等网络foundation网站上发布了比特币白皮书《比特币:一种点对点的电子现金系统》[123],陈述了他对电子货币的新设想——比特币就此面世。2009年1月3日,比特币创世区块诞生。比特币是点对点数字化支付系统,类似于一个可以全球结算的银行,而这个银行没有中心化的组织成员,没有管理员,只有基于代码和共识的基本原则。该银行发行的货币名为比特币,其支付系统本身也被称为比特币。最重要的是银行的账本完全公开,任何人都可以查看每笔交易记录,且每笔交易都可以追溯源头,通过加密技术及数学原理实现了账本不可更改等特性。

②以太坊。2014年由Vitalik Buterin创立的区块链项目,是区块链2.0的代表,是现在流行的公链之一,它是一个区块链平台,允许开发各种智能合约,部署后合约将永久生效,但执行时需要支付一些代币。以太坊的愿景是创建一个无法停止、抗审查且自我维持的去中心化世界计算机。目前的共识机制为工作量证明(proof of work,POW)+权益证明(proof of stake,POS)的混合模式。

③超级账本。Hyperledger是一个旨在推动区块链跨行业应用的开源项目,是首个面向企业应用场景的开源分布式账本平台,由Linux基金会在2015年12月主导发起,成员包括金融、银行、物联网、供应链、制造和科技行业的领头羊。Hyperledger Fabric是目前超级账本项目中发展最好的子项目,作为最早加入超级账本项目的顶级项目,Fabric于2015年底提交到社区。该项目的定位是面向企业的分布式账本平台,创新地引入了权限管理机制,设计上支持可插拔、可扩展,是首个面向联盟链场景的开源项目。作为联盟链最重要的代表,Hyperledger Fabric具有良好的设计架构、完善的文档、清晰的代码,是企业研发和实施区块链的首选。

2. 三大技术的架构平台

(1)比特币架构

比特币是基于对等网络架构的数字货币系统。它的架构总体上分为两部分:一部分是前端,包括钱包或图形化界面;另一部分是运行在每个节点的后台程序,包括挖矿、区块链管理、脚本引擎以及网络管理等功能。网络的前端结构如图8.4所示,网络节点后台的结构如图8.5所示。

(2)以太坊架构

以太坊每个节点都是去中心化的,每个节点都运行一个以太坊客户端,即"节点软件栈",智能合约首先部署在区块链上,然后在以太坊虚拟机(ethereum virtual machine,EVM)中运行,并在对等网络中同步。账号和密码等都在节点软件栈中。以太坊架构如图8.6所示。

前端

移动钱包	桌面钱包	客户端
命令行接口	浏览器	图形桌面开发工具

图 8.4　网络的前端结构

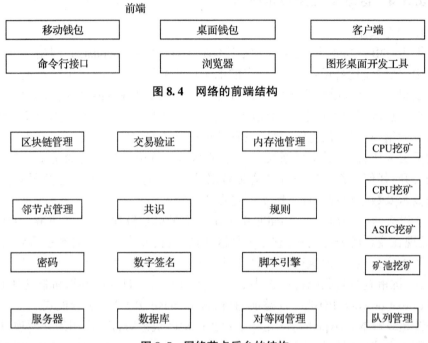

图 8.5　网络节点后台的结构

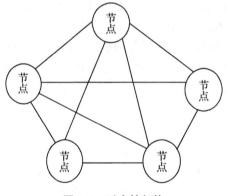

图 8.6　以太坊架构

（3）超级账本架构

超级账本架构如图 8.7 所示。

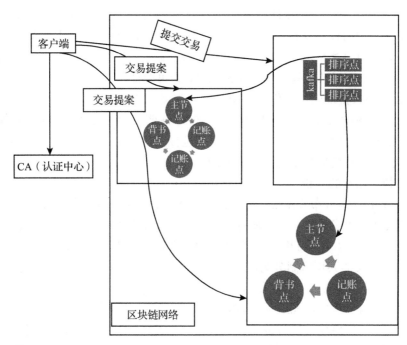

图 8.7　超级账本架构

3. 三大技术的共识比较

共识机制是指在分布式系统中,通过一定的规则和算法来保证所有节点之间的一致性。

（1）比特币的共识

比特币网络中的共识机制是通过工作量证明来实现的。在工作量证明中,网络中的节点需要通过解决一个复杂的数学难题来证明自己的工作量,这个过程需要消耗大量的计算资源。工作量证明的设计初衷是为了防止网络中的节点进行恶意行为,例如双重花费攻击。因为在工作量证明中,如果一个节点想要修改已经写入区块链中的交易记录,那么它需要重新计算整个区块链,这需要消耗大量的计算资源和时间。因此,只有拥有足够算力的矿工才能够成功地修改区块链中的交易记录,从而保证比特币网络的安全性和可靠性。

（2）以太坊共识

①以太坊工作量证明。以太坊与比特币一样,采用的都是基于工作量证明的共识产生新的区块。与比特币不同的是,以太坊采用的是可以抵御专用集成电路

（application specific integrated circuit，ASIC）对记账（挖矿）工作垄断的 etHash 算法。ehHash 算法增加了对内存访问的需求，因为 ASIC 芯片矿机虽然算力非常强，但对内存的访问能力不足。

etHash 的主要思想是设计一大一小的两个数据集，初始大小是：小的为 16 M 的 cache；大的为 1G 的 dataset（DAG）。设计一大一小的目的是：大的数据集是小的 cahce 通过计算生成的，矿工为了能更快地挖矿只能保存大的 dataset，以免重复计算耽误时间，而轻节点只需保存小的 cache 即可验证。

②以太坊权益证明。工作量证明机制对能源的消耗巨大，点点币系统中提出并实现了另一种共识机制——权益证明，权益证明将整个记账（挖矿）过程虚拟化，并以验证者取代矿工。Csaper 是以太坊选择采用的 POS 协议，它能避免"无成本利益关系（恶意使区块链分叉）"的问题。

（3）超级账本的共识

由于 Fabric 是分布式系统，因此需要共识机制来保障各个节点按相同的顺序保存账本，从而达成共识。排序服务是共识机制中重要的一环，所有交易都要通过排序服务才可以达成全网共识，因此排序服务要避免成为网络的性能瓶颈[124]。

Fabric 广义的共识机制分为三个阶段：交易背书、交易排序、交易验证。Fabric 区块链的共识过程包括 3 个阶段：背书、排序和校验。

①背书。在背书（endorsement）阶段中，背书节点对客户端发来的交易提案进行合法性校验，然后模拟执行链码得到交易结果，最后根据设定的背书逻辑判断是否支持该交易提案。如果背书逻辑决定支持交易提案，会将该交易提案签名后发回给客户端。客户端通常需要根据链码的背书策略，向一个或多个成员的背书节点发出背书请求。背书策略会定义需要哪些节点背书交易才有效，例如，需要 5 个成员的背书节点中至少 3 个同意，或者某个特殊身份的成员支持等。客户端只有在收集足够多的背书节点对交易提案的签名后，该交易才能被视为有效。

②排序。排序（ordering）阶段就是由排序服务节点对交易进行排序，确定交易之间的时序关系。排序服务将一段时间内收到的交易进行排序，然后把排序后的批量交易打包成数据块（区块），再把区块广播给通道中的成员。采用排序共识方式，各个成员收到的是一组顺序相同的交易，从而保证了所有节点的数据一致性。目前，Hyperledger Fabric 有三种排序算法：Solo、Kafka、SBFT。

③校验。校验（validation）阶段是节点对排序后的交易进行一系列检验，包括交易数据的完整性检查、是否重复交易、背书签名是否符合背书策略的要求、交易的读写集是否符合多版本并发控制的校验等。当交易通过所有校验后，将被标注为合法并写入账本中。因为所有的确认节点都按照相同的顺序检验交易，并将合法的交易依次写入账本中，所以不同确认节点的状态能够始终保持一致。

4. 三大技术的智能合约

（1）比特币的智能合约

比特币智能合约是一种在比特币系统中实现的基于区块链技术的智能合约。它通过脚本语言实现了一些基本的合约功能，例如多重签名和时间锁定交易。比特币智能合约具有去中心化、透明和安全的特点，受到区块链技术的保护。虽然比特币智能合约的功能相对有限，但它为比特币网络上的参与者提供了更多的灵活性和安全性[125]。

（2）以太坊智能合约

Solidity 是一种高级智能合约语言，运行在以太坊虚拟机上。它的语法接近 JavaScript，是一种面向对象的语言。该合约基于账户模型，而非未花费交易输出模型，因此具有地址类型。用于定位用户、定位合约、定位合约的代码（合约本身也是一个账户）。由于语言内嵌框架支持支付，所以提供了一些关键字，例如付款，因此可以在语言层面直接处理支付，且操作简单。存储使用的是网络上的区块链，数据的每一个状态都可以永久存储，所以需要确定变量使用内存还是区块链。运行环境是去中心化的网络，强调合约或函数执行的方式。因为原本简单的函数调用会转变为网络节点的分布式代码执行。其异常机制会在出现异常时回滚所有操作，以保证合约执行的原子性，避免中间状态出现的数据不一致。

RemixIDE 是一个基于网页的 Solidity 开发环境，是一个轻量级的基于网络的开发工具，编写简单的 Solidity 代码通常使用 RemixIDE。

Truffle 是针对基于以太坊的 Solidity 语言的一套开发框架。本身基于 JavaScript 提供了一套类似 maven 或者 gradle 的项目构建机制，能自动生成相关目录并对客户端进行深度集成。开发、测试、部署都可以通过一行命令搞定。Truffle 编译 Solidiy 后会生成一个二进制交互接口文件和一个纯二进制文件，通过这两个文件就可以把合约部署到链上。目前主流使用 Atom 和 Visual Studio Code 作为开发工具。

Web3.js 是一个通过远程过程调用和本地以太坊节点进行通信的 JS 库，用户可以使用 HTTP 或 IPC 连接本地或远程以太坊节点进行交互。Web3.js 可以与任何暴露了远程过程调用接口的以太坊节点连接。Web3 的 JavaScript 库能够与以太坊区块链交互，它可以检索用户账户、发送交易、与智能合约交互等。Web3 提供了 ETH 对象——web3.eth 来与以太坊区块链进行交互。

（3）超级账本的智能合约

在 Fabric 中，智能合约也叫链码，是应用程序与底层区块链交互的媒介。Fabric 项目中，需要先写链码，然后部署在 Fabric 上，最后基于 Fabric 提供的 SDK 编写一个应用程序与部署在区块链上的链码进行交互。链码支持的编程语言有 go、java、node.js。链码有一套独立的生命周期管理。

应用程序向背书节点发起一个交互请求,背书节点收到请求后会调用容器管理模块检查链码容器是否在运行。如果没有启动,就会编译并启动容器。启动后的容器会与背书节点建立 gRPC 连接,连接建立后,背书节点会将应用程序发送过来的请求转给链码执行。链码执行完成后会返回执行结果,背书节点收到结果后会调用 ESCC 对结果进行签名背书,最后将背书结果返回给应用程序,这就是整个链码的交互流程。ESCC 是一种系统链码,虽然是链码,但它们运行在节点进程中而非以链码容器的形式存在。Fabric 的 SDK 支持 go、java、node. js。

5. 三大技术的综合比较表

综上所述,可用一个表来综合比较三种技术的区别,如表 8.1 所示。

表 8.1　三大技术的综合比较表

特性	比特币	以太坊	超级账本	备注
平台描述	通用区块链平台	通用区块链平台	模块化区块链平台	
管理方	比特币开发者	以太坊开发者	Linux 基金会	
运行模式	公有	可公开,可私有	有授权,私有	
共识	基于工作量	基于工作量、POS	运行多种途径共识的交易层次	
智能合约	脚本语言实现	智能合约代码(Solidity)	智能合约代码(go、java)	
货币	比特币	以太币,经过智能合约产生代币	没有,通过区块链链码	

根据上述表格可知,比特币、以太坊这样的公链需要节点自由进出,因此不存在使用对等网络加密的可能。

对于区块链隐私问题,现在比较有前景的解决方案是闪电网络+Sphinx 协议。

闪电网络的本质是在比特币主链外建立可以双向流动的微支付通道,使比特币可以跨节点传递。将大量小额交易放到闪电网络上,减少主链的负荷并提高小额交易的速度。而将 Sphinx 与闪电网络结合后,网络中的数据包会进行多次加密,闪电网络中间层只能解密相应的加密层,这一层主要用于展示数据包的路由信息。这样就实现了在网络上隐藏详细的交易细节。

8.4　社交平台的未来发展

对等网络在社交平台中的未来发展将紧密围绕提高用户体验、增强数据安全性与隐私保护,以及推动技术创新与融合等核心目标。

1. 提高用户体验

在实时互动与多媒体通信方面。随着用户对实时互动需求的增加,对等网络技术将更加注重在社交平台中实现高质量的语音、视频和文本通信。通过优化数据传输算法和降低网络延迟,用户可以享受到更加流畅和高效的互动体验。

在个性化推荐与智能匹配方面。对等网络社交平台将利用大数据和人工智能技术对用户的行为和兴趣进行深度分析,从而提供更加个性化的推荐和智能匹配服务。这将帮助用户更快地找到志同道合的社交伙伴,从而提高社交效率和满意度。

在社交场景拓展方面。对等网络社交平台将不断拓展新的社交场景,例如虚拟社交、增强现实社交等,以满足用户日益多样化的社交需求。这些新场景将结合对等网络技术的优势,实现更加真实、沉浸式的社交体验。

2. 增强数据安全性与隐私保护

数据加密与传输安全。对等网络社交平台将采用更加先进的数据加密技术,确保用户数据在传输过程中的安全性。同时,平台将加强对数据传输过程的监控和管理,从而及时发现并处置潜在的安全风险。

隐私保护机制完善。对等网络社交平台将建立完善的隐私保护机制,包括用户数据的收集、存储、使用和共享等方面的规定。平台将采用多因素认证、访问控制策略等技术手段,确保用户数据的安全性和隐私。

反欺诈与防恶意行为。对等网络社交平台将加强对欺诈和恶意行为的检测和防范,例如虚假账号、垃圾信息、恶意软件等。

通过采用机器学习、人工智能等技术手段,平台可以实现对这些行为的快速识别和处置,保障用户的合法权益。

3. 推动技术创新与融合

区块链技术与对等网络技术的融合。区块链技术具有去中心化、不可篡改等特点,与对等网络技术具有天然的契合性。未来,对等网络社交平台将探索将区块链技术应用于用户身份验证、数据共享、交易结算等方面,从而提高平台的可信度和安全性。

人工智能与大数据应用。人工智能和大数据技术的发展将为对等网络社交平台提供更加精准的用户画像和智能推荐服务。平台将利用这些技术对用户的行为和兴趣进行深度分析,从而提供更加个性化的社交体验和服务。

跨平台与多终端融合。随着移动互联网的普及和智能终端的多样化,对等网络社交平台将更加注重跨平台和多终端的融合。平台将支持多种设备和操作系统,实现用户在不同终端之间的无缝切换和互动。

综上所述,对等网络在社交平台中的未来发展将围绕提高用户体验、增强数据安全性与隐私保护以及推动技术创新与融合等核心目标展开。这些发展方向将有助于对等网络社交平台在激烈的市场竞争中保持领先地位,为用户提供更加优质、安全、便捷的社交体验。

8.5　本章小结

区块链技术的出现解决了传统中心化系统中存在的信任问题,为各行业带来了前所未有的机遇和挑战。区块链技术正在不断演进和发展,在物联网、医疗健康、能源等领域发挥重要作用,未来将有更多的应用场景被发掘和探索。本章从区块链的定义和特点、区块链的模型以及对等网络系统在区块链技术中的应用等方面对区块链进行了分析和介绍,为读者进一步深入了解和学习区块链技术奠定了基础。

参考文献

［1］ TANENBAUM A S. 计算机网络(第五版)［M］. 严伟,潘爱民,译. 北京:清华大学出版社,2012.

［2］ ABERER K,HAUSWIRTH M. An overview on peer-to-peer information systems［C］// Proceedings of Workshop on Distributed Data and Structures(WDAS-2002). Paris:ACM,2002,11:100-112.

［3］ MILOJICIC D S. Peer-to-peer computing ［C］. HL Laboratories Research Report,2002,10:57-102.

［4］ LV Q,CAO P,COHEN E,et al. Search and replication in unstructured peer-to-peer networks ［J］. ACM SIGMETRICS Preforman Evaluation Review,2002,30(1):258-259.

［5］ 徐恪,吴建平,徐明伟. 高等计算机网络-体系结构、协议机制、算法设计与路由器技术［M］. 北京:机械工业出版社,2003:130-150.

［6］ LIN C,SHAN Z G,SHENG L J,et al. Different iated services in the Internet:A survey［J］. Chinese Journal of Computers,2000,23(4):419-433.

［7］ CAMPBELL A, AURRECOECHEA C, HAUW L. A review of QoS architecture ［EB/OL］. (1996-10-15)［2025-04-01］. http://citeseer. ist. psu. edu/campbell96review. html.

［8］ 胡春明,怀进鹏,沃天宇,等. 一种支持端到端 QoS 的网格服务网体系结构［J］. 软件学报,2006,17(6):1448-1458.

［9］ 李杰. 基于服务质量的 Web 服务模型及应用研究［D］. 北京:中国科学院研究生院,2005.

［10］ RAN S. A Model for Web Services Discovery With QoS［J］. ACM SIGecom Exchanges,2003,4(1):1-10.

［11］ DEJAN S,MILOJICIC C,VANA K,et al. Peer-to-peer computing［C］// Technical Report HPL-2002-57. Palo Alto:HP Labs,2002:75-79.

［12］ ZHANG X Y,ZHANG Q,ZHANG Z S,et al. A construction of Locality-Aware Overlay Network: mOverlay and Its Performance［J］. IEEE Journal on Selected Areas in Communications,2004,22(1):18-28.

［13］ 黄道颖,黄建华,庄雷,等. 基于主动网络的分布式 P2P 网络模型［J］. 软件学报,2004,15(7):1081-1089.

［14］ KRISHNAMURTHY B,WANG J. On network-aware clustering of web clients［C］// In Proceedings of ACM SIGCOMM2000. USA:ACM,2000,3:277-279.

［15］ RICHARD S W. TCP/IP Illustrated Volume1:The Protocols［M］. 北京:机械工业出版社,2000:281-289.

［16］ RATNASAMY S,HANDLEY M,KARP R,et al. Topologically-aware overlay constructions and server selections［C］// In Proceedings of INFOCOMM2002. USA:IEEE Computer Society, 2002,5:69-72.

［17］ JIN J,NAHRSTEDT K. QoS Service Routing for Supporting Multimedia Applications［J］. IEEE Journal on Selected Areas in Communications,2002,14:1228-1234.

［18］ 徐非,杨广文,鞠大鹏. 基于 Peer-to-Peer 的分布式存储系统设计［J］. 软件学报, 2004,15(2):268-277.

［19］ 王汝传,韩光法,陈宏伟. 网格计算环境下资源管理优化策略研究［J］. 通信学报,2005,26(7):25-26.

［20］ 李祖鹏,黄建华,唐辉. 基于 P2P 计算模式的自组织对等网路由模型［J］. 软件学报,2005. 05.

［21］ RATNASAMY S, HANDLEY M,KARP R,et al. Topologically-aware overlay coLSTruction and server selection［C］// Electronic Proceedings for the 1st International Workshop on Peer-to-Peer Systems. 2002,3:7-8.

［22］ RATNASAMY S,HANDLEY M,KARP R,et al. Topologically-aware overlay constructions and server selections［C］// INFOCOMM 2002 Twenty-First Annual Joint Conference of the IEEE Computer and Communications Societies. Proceedings. IEEE. IEEE, 2002. DOI:10. 1109/INFCOM. 2002. 1019369.

［23］ 高晓燕. P2P 网络节点间链路选取模型的蚁群算法设计与实现［J］. 微电子学与计算机,2013. 09.

［24］ GUTJAHR W J. ACO algorithms with guaranteed convergence to the optimal solution［J］. Information Processing Letters,2002,82(3):145-153.

［25］ LIM A,LIN J,RODRIGUES B,et al. Ant colony optimization with hill climbing for the bandwidth minimization problem［J］. Applied Soft Computing,2006,6:180-188.

［26］ CF T, CW T. A new approach for solving large traveling salesman problem using evolution ant rules［C］// Int'l Joint Conf. IJCNN 2002 Proc. Honolulu:IEEE Press,2002,1540-1545.

［27］ 姚新,陈国良,徐惠敏,等. 进化算法研究进展［J］. 计算机学报,1995,18(9):694-705.

［28］ RIPEANU M. Proceedings First International Conference on Peer-to-Peer Computing architecture casee study:Gnutella network(P2P2001)［C］. Sweden:IEEE,2001,6:182-198.

［29］ ROWSTRON A,DRUSCHEL P. Pastry:Scalable,distributed object location and routing for large-scale peer-to-peer systems［C］// Int'l Conf. on Distributed Systems Platforms. Heidelberg:ACM,2001,7:135-141.

［30］ ZHAO B,KUBIAOWICZ J,JOSEPH A. An infrastructure for fault-tolerant wide-area location and routing［J］. Technical Report Computer Science Division University of California,2001:106-115.

［31］ MAYMOUNKOV P,MAZIERES D. Kademlia:A peer-to-peer information system based on the XOR metric［C］// 1st Int'l Workshop on Peer-to-Peer Systems(IPTPS 2002). Berlin,Heidelberg:Springer-Verlag,2002:153-161.

［32］ Gu X,NAHRSTEDT K,CHANG R H. QoS-Assured Service Composition in Managed Service P2P

Networks[J]. IEEE,2003,6:194−201.

[33] KARGER D R,LEHMAN E,LEIGHTON T,et al. Consistent hashing and random trees:Distributed caching protocols for relieving hot spots on the world wide web[C]// ACM Symposium on Theory of Computing. Dallas,Texas:ACM,1997,5:654−663.

[34] ROWSTRON A,DRUSCHEL P. Pastry:Scalable,distributed object location and routing for large scale peer−to−peer ystems[C]// Procof Distributed Systems Platforms. Heidelberg, Germany:ACM, 2001,2(6):329−335.

[35] TANG C Q, DWARKADAS S,XU Z C. On scaling latent semantic indexing for large peer−to−peer systems[C]// In Proc. of the 27th Annual Intl. Sheffield:ACM SIGIR Conference,2004 , 8:156−158.

[36] GANG F, MAKKI K,PISSINOU N,et al. An efficient approximate algorithm for delay−cost−constrained QoS routing[C]//Proc of the 20 the Int'l Conference on Computer Communications and Networks. Phoenix:[s. n.],2001:395−400.

[37] LI Z J,GARCIA−LUNA−ACEVES J J. Solving the multi−constrained path selection p roblem by using dep th first search[C]//Proc of the 2nd Int'l Conf on Quality of Service in Heterogeneous Wired /WirelessNetworks(QShine'05). [S. l.]:IEEE,2005:85−96.

[38] WANG B, HOU J. Multicast routing and its QoS extension:Problems, algorithm, and protocols [J]. IEEE Network,2000,14(1):22−36.

[39] 刘鹏. 云计算(第三版)[M]. 北京:电子工业出版社,2015.

[40] ADAM IC L A,LUKOSE RM, PUN IYAN IA R,et al. Search in powerlaw networks[J]. Physica l Review, 2001, E64(46135):719−720.

[41] YI R,SHA C F,Q IAN W N, et al. Exp lore the"smallworld phenomena"in pure P2P information sharing systems[C]//Proc of the 3 rd Int'l Symp on Cluster Computing and the Grid. Washington D C:IEEE Computer Society,2003:232−239.

[42] 曾庆宁. 模糊系数线性规划[J]. 西北电讯工程学院学报,1987(3):96−103.

[43] 曾庆宁. 模糊系数规划[J]. 模糊系统与数学,2000,14(3):99−105.

[44] GUERIN R A, ORDA A. QoS routing in networks with inaccurate information:Theory and algorithms[J]. IEEE/ACM Trans. Networking, 1999,6(6):350−364.

[45] MAHAJAN R,CASTRO M,ANTONY R. Controlling the Cost of Reliability in Peer−to−Peer P2Ps[C]//2nd International Workshop on Peer−to−Peer Systems. Berkeley,CA,USA,2003,5: 450−464.

[46] BOLLOBAS B,FULTON W,KATOK A,et al. Random Graph. Second Edition[M]. Cambridge: Cambridge University Press,2001.

[47] 高晓燕. 面向网络吞吐量优化的 P2P 路由算法的研究[J]. 微电子学与计算机,2013. 10.

[48] BOSCHETTI M,JELASITY M, MANIEZZO V. An ant approach to membership overlay design. Working paper, Department of Computer Science,University of Bologna[J]. Springer Berlin Heidelberg,2004,16:250−360.

[49] 史忠植. 智能主体及其应用[M]. 北京:北京科学出版社,2005. 09.

［50］ 王旭,崔平远. 基于蚁群算法求路径规划问题的新方法及仿真［J］. 计算机仿真,2005,22
（07）60-03.

［51］ 陈贵海,李振华. 对等网络:结构、应用与设计［M］. 北京:清华大学出版社,2007.

［52］ 邝砾,邓水光,李莹. 使用倒排索引优化面向组合的语义服务发现［J］. 软件学报,2007,18
（6）:1911-1921.

［53］ YAN F,ZHAN SY. A peer-to-peer approach with semantic locality to service discovery［C］//
Proc. of the 3rd Int'l Workshop on Grid and Cooperative Computing. Berlin:Springer-Verlag,
2004:831-834.

［54］ HU J Q. Research on Some Key Technologies of Web Service Discovery［D］. Changsha:National
University of Defense Technology,2005:42-52.

［55］ LIU J,ZHUGE H. A semantic-link-based infrastructure for web service discovery in P2P networks
［J］. ACM,2005,5(2):940-941.

［56］ PAOLUCI M, KAWAMURA T,PAYNE TR, et al. Semantic matching of Web services apabili-
ties［J］. Springer Berlin Heidelberg,2002,6(3):333-347.

［57］ BURSTEIN M, BUSSLER C,ZAREMBA M, et al. A semantic Web services architecture［J］.
IEEE Internet Computing,2005,9(5): 52-61.

［58］ LI Y H, BANDAR Z A,MCLEAN D. An approach for measuring semantic similarity between
words using multiple information sources［J］. IEEE Trans. on Knowledge and Data Engineering,
2003,15(4):871-882.

［59］ LO C C,CHANG W H. A Multiobjective Hybrid Genetic Algorithm for the Capacitated Multipoint
Network Design Problem［C］//IEEE Transactions on systems,Man,and Cybernetics-Part B:Cy-
beernetics. IEEE,2000,30:461-470.

［60］ CAMINITI S,FINOCCHI I,PETRESCHI R. A unified approach to coding labeled trees［J］. Pro-
ceedings of the 6th Latin American Symposium on Theoretical Informatics LNCS, 2004, 2976:
339-348.

［61］ 高晓燕. 基于 QoS 的 P2P 服务发现算法的研究［J］. 计算机工程与科学,2013. 06.

［62］ TSUR S S, RAGRAWAL U D, G W. Are Web Services the Next Revolution in e-Commerce［C］. Ro-
ma:the Intenrational Conference on Very LargeDatabases,2001: 614-617.

［63］ ZENG L Z,BENATALIAH B O,CHANG H. QoS-Aware Middleware for Web Services Composition
［J］. IEEE Transactions On SoftwareE ngineering,2004,30(5):311-327.

［64］ MILANOVIC N,MALEK M. Current Solutions for Web Service Composition［J］. IEEE Internet Com-
puting,2004,8(6):51-59.

［65］ CADATI F,EHMERS M S,HAN S. Developing e-services for composing e-services,the 13th Interna-
tional Conference on Advanced Information Systems Engineering(CAiSE2 001)［C］. terlaken,Switzer-
land:Lecture NotesIn Computer Science,2068:171-186.

［66］ 史美林,杨光信,向勇,等. WFMS:工作流管理系统［J］. 计算机学报,1999,22(3):325-334.

［67］ CURBERA F, GOLAN Y , KLEIN J. Business Process Execution Language for Web Services
（BPEL4WS）1. 0［EB/OL］. http://www-106. ibm. com/developerworks /library.

［68］林闯. 随机 Petri 网和系统性能评价［M］. 北京:清华大学出版社,2000.

［69］MURATA T. PetriNet: Properties, Analysis and Applications［J］. Proceeding soft the IEEE, 1989,77（4）: 541-580.

［70］DIIMITRIOS G,MARK H. Overview of Workflow Management from Process Modeling to Workflow Automation Infrastructure［J］. Distributed and Parallel Databases,1995,3(2):119-153.

［71］RAO J H,SU X M,A Survey of Automated Web Service Composition Methods［C］//S WSWPC 2004. San Diego:DBLP,2004,2:43-54.

［72］GU X,NAHRSTEDT K. Dynamic QoS-Aware Multimedia Service Configuration in biquitous Computing Environments［C］//International Conference on instributed Computing Systems（ICDCS 2002）. Vienna:IEEE,2002,12:71-80.

［73］ZENG L Z. ,BENATALLAH B,NGU A H. QoS-aware middleware for web services composition ［J］. IEEE Transactions on Software Engineering,2004,30(5):311-327.

［74］卢开澄. 单目标、多目标与整数规划［M］. 北京:清华大学出版社,1999.

［75］JIN H,CHEN H,LU Z. Q-SAC:Toward qos-optimized service automatic composition［C］// IEEE International Symposium on Cluster Computing and the Grid（CCGRID）. Cardiff:IEEE, 2005:161-166.

［76］GAO X Y,YU Z W,SHI Y L. The Lagrangian Algorithm Implement of QoS-aware service composition on P2P network［C］. APSCC06,2006. 12.

［77］高晓燕,余镇危. 一种基于 QoS 的 P2P 网络服务组合的算法［J］. 计算机工程与设计,2007. 11.

［78］高晓燕,余镇危. 基于 QoS 的 P2P 网络服务组合聚集遗传算法计算模型［J］. 计算机工程,2007. 20.

［79］邢文训,谢金星. 现代优化计算方法［M］. 北京:清华大学出版社,1999.

［80］GAO X Y. The Model of QoS-aware Service Composition on P2P Networ［C］. CSO2011,2011. 04.

［81］窦文. 信任敏感的 P2P 拓扑构造及其相关技术研究［D］. 长沙:国防科学技术大学,2003.

［82］ABERER K,DESPOTOVIC Z. Managing trust in a peer-to-peer information system. Proceedings of the Tenth International Conference on Information and Knowledge Management（CIKM01）［C］. New York:ACM Press,2001,5:310-317.

［83］CORNELI F. Choosing reputable servents in a P2P network［J］. ACM,2002,8:10-21.

［84］SEPANDER K,MARIO T S,HECTOR G M. The eigenTrust algorithm for reputation management in P2P networks［J］. ACM,2003,2:110-117.

［85］SURYANRARA G Y,TAYLOR R N. A Survey of Trust Management and Resource Discovery Technologies in Peer-to-Peer Applications［R］. ISR Technical Report. 2004. UCI-ISR-04-6.

［86］CORNELLI F,DAMIANI E,SAMARATI P. Choosing reputable servents in P2P network［J］. ACM, 2002,3:112-115.

［87］MOULIN H. Game Theory for Social Sciences ［M］. New York:NYU press,1986.

［88］KHAMBATTI M,DASGUPTA P,RYU K D. A role-based trust model for Peer-to-Peer communities and dynamic coalitions［C］//The 2nd IEEE Int'l Information Assurance Workshop. New

York:IEEE Press,2004:141-154.

[89] LIANG Z ,SHI W. Enforcing Cooperative Resource Sharing in Untrusted Peer-to-Peer Environment[J]. ACM Journal of Mobile Networks and Applications Special,2004,3:014-18.

[90] 汪贤裕,肖玉明. 博弈论及其应用[M]. 北京:科学出版社 . 2008. 2.

[91] 陈志琦. 基于博弈论的 P2P 服务质量差异激励模型的研究[D]. 南宁:广西大学,2005. 05. DOI:10. 7666/d. Y727893.

[92] 王丽虹. P2P 环境下 DRM 系统的激励模型和安全策略的研究[D]. 上海:上海交通大学,2007.

[93] GAO X Y. The Trust Model of P2P Service Based on QoS[C]. ICCASM2010,2010. 10.

[94] Baras J S,JIANG T. Cooperation,trust and games in wireless networks[J]. Birkhäuser Boston, 2005:571-583.

[95] RAMACHANDRAN G,HART D,"A P2P intrusion detection system based on mobile agents,"in Proceedings of the 42nd annual Southeast regional conference. ACM[C]. 2004:185-190.

[96] 欧中洪,宋美娜,战晓苏,等. 移动对等网络关键技术[J]. Journal of Software, 2008,404-418.

[97] 程久军,李玉宏,程时端,等. 移动 P2P 系统体系结构与关键技术的研究[J]. 北京邮电大学学报,2006.

[98] 李立耀,孙鲁敬,杨家海. 社交网络研究综述[J]. 计算机科学,2015.

[99] PAUL T,FAMULARI A,STRUFE T. A survey on decentralized Online Social Networks[J]. Comput Networks,2014,75:437-52.

[100] AIELLO L M,RUFFO G. Lotusnet:tunable privacy for distributed online social network services [J]. Computer Communication,2012,35(1):75-88.

[101] DATTA A,BUCHEGGER S,VU L H. Decentralized online social networks[M]. Boston:Springer 2010:349-78.

[102] GRAF K,PODRAJANSKI S,MUKHERJEE P. Steinmetz R. A distributed platform for multimedia communities[J]. IEEE,2008:208-213.

[103] SELVARAG C,ANAND S. A survey on security issues of repu-tation Management systems for peer-to-peer networks[J]. Computer Science Review,2012,6(4):145-160.

[104] WALLACH D S. A survey of peer-to-peer security issues[J]. Software Security Theories and Systems,2003:42-57.

[105] WASHBOURNE L. A survey of P2P network security[J]. Computer Science,2015. DOI:10. 48550/arxiv. 1504. 01358.

[106] BHATTACHARYYA D K, KALITA J K. DDoS attacks:evolution, detection, prevention, reaction,and tolerance[M]. Florida:CRC Press,2016.

[107] NAOUMOV N,ROSS R K. Exploiting P2P systems for ddos attacks[J]. ACM,2006:47.

[108] MANIATIS P, GIULI T J,ROUSSOPULOS M, et al. "Impeding attrition attacks in P2P systems[J]. ACM,2004:12.

[109] KANG C. Survey of search and optimization of P2P networks[J]. Peer-to-Peer Networking Applications,2011,4(3):211-218.

［110］ ZHANG C，XIAO W，TANG D. P2P-based multidimensional indexing methods：a survey［J］. Journal of Systems & Software，2011，84（12）：2348-62.

［111］ TRIFA Z，KHEMAKHEM M. Taxonomy of structured P2P overlay networks security attacks ［J］. Int J Comput ElectrAutom ControlInf Eng，2012，6（4）：470-476.

［112］ TRIFA Z，KHEMAKHEM M. Mitigation of sybil attacks in structuredP2P overlay networks ［C］//2012 Eighth international conferenceon semantics，knowledge and grids. Tunisia：Department of Computer Science，2012：245-248.

［113］ NASIR M H，ARSHAD J，KHAN M M，et al. Scalable blockchains：A systematic review［J］. Future Generation Computer Systems，2022，126（01）：136-162.

［114］ TheBitcoinNetwork［EB/OL］. https：//learn. saylor. org/mod/book/view. php？id=36307& chapterid=18897

［115］ 杭州城市大脑协同创新基地课题组. 城市大脑导论［M］. 北京：电子工业出版社，2021.

［116］ 张健. 区块链：定义未来金融与经济新格局［M］. 北京：机械工业出版社，2016：38-40.

［117］ 姚忠将，葛敬国. 关于区块链原理及应用的综述［J］. 科研信息化技术与应用，2017，8（2）：3-17.

［118］ World Economic Forum Survey［EB/OL］. （2016-02-21）［2023-09-27］. http://www. coinfox. info/news/3184-world-economic-forum-survey-10-of-global-gdp-may-be-stored-with-blockchain-technology-by-2027，February21，2016.

［119］ 区块链计算机网络［EB/OL］. （2024-01-31）［2025-04-01］. https：//max. book118. com/html/2024/0130/6140013110010042. shtm？from=search&index=2.

［120］ PUNATHUMKANDI S，SUNDARAM V M，PRABHAVATHY. A deep dive into Hyperledger ［EB/OL］. 2023-6-27https：//www. researchgate. net/publication/347825518_A_deep_dive_into_Hyperledger.

［121］ Hyperledger Iroha［EB/OL］. （2022-10-15）［2023-06-27］. https：//wiki. hyperledger. org/display/iroha.

［122］ CACHIN C. Architecture of the hyperledger Blockchain fabric［EB/OL］. （2016-01-01）［2023-06-16］. https：//www. zurich. ibm. com/dccl/papers/cachin_dccl. pdf.

［123］ Nakamoto D S. Bitcoin：A Peer-to-Peer Electronic Cash System［R/OL］. （2008-10-03）［2023-06-27］. http：//metzdowd. com.

［124］ 袁勇，倪晓春，曾帅，等. 区块链共识算法的发展现状与展望［J］. 自动化学报，2018，44（11）.

［125］ 王彬贺. 区块链技术在农机购置补贴中的应用研究［D］. 吉林：吉林农业大学，2023.

［126］ 高晓燕. 基于QoS的P2P服务网络及其关键技术研究［D］. 北京：中国矿业大学，2009.